機縫小百科

縫紉機操作+車縫實例+作品應用

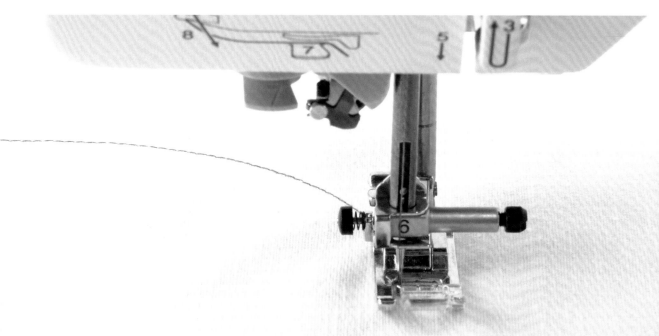

讓一片布變成立體模樣的樂趣、
親朋好友看見作品時展露的笑顏、
在車針喀噠喀噠聲中全心投入──
縫紉機不僅僅是縫合布料的機器，
也是帶給我們許多喜悅與歡樂時光的
無可取代的夥伴。
不論是想要盡快學會機縫的新手，
還是熟練裁縫的老手，
期盼大家對縫紉機有更清楚的認識，
同時更加熱愛縫紉，
因此催生了這本包含機縫基礎到應用的珍藏版。

機縫
小百科
縫紉機操作+車縫實例+作品應用

Contents

縫紉機
小知識

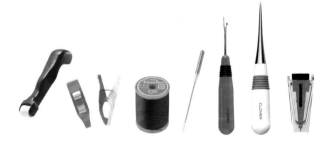

※本書基本上是以Brother製的COMPALL 1100縫紉機為例進行解說。
依機種會有若干差異，請一併參閱手邊縫紉機的使用說明書。

基礎篇

認識縫紉機

basic

以第一次接觸縫紉機者為對象，
詳細解說縫紉機的基本事項。
上線與下線的穿法、試縫方式、回針縫、布邊處理，
以及縫紉機保養等作業，
正是日後享受縫紉生活樂趣的重要基礎。
有自己作法的裁縫同好也請勿錯過。
「縫紉機小知識」也是必讀喔！

- 縫製步驟中的數字基本上是以cm為單位。
- 為便於理解說明會改變車線顏色，實際製作時請配合布料花色挑選車線。

按圖索驥
找到合用的第一台縫紉機

不論您手邊有沒有縫紉機,都請你試著回答圖表中的問題,
找到一款最適合自己的縫紉機。

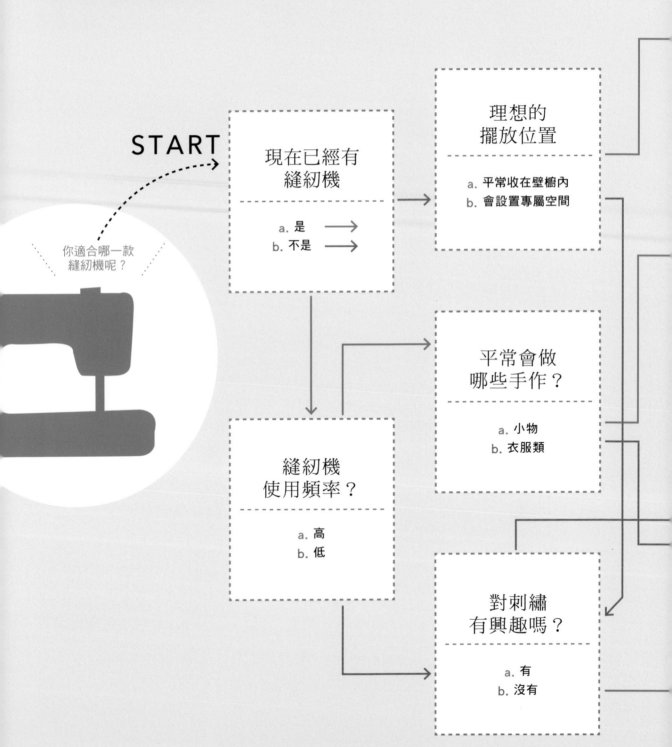

你適合哪一款
縫紉機呢?

START

現在已經有
縫紉機

a. 是 ⟶
b. 不是 ⟶

理想的
擺放位置

a. 平常收在壁櫥內
b. 會設置專屬空間

平常會做
哪些手作?

a. 小物
b. 衣服類

縫紉機
使用頻率?

a. 高
b. 低

對刺繡
有興趣嗎?

a. 有
b. 沒有

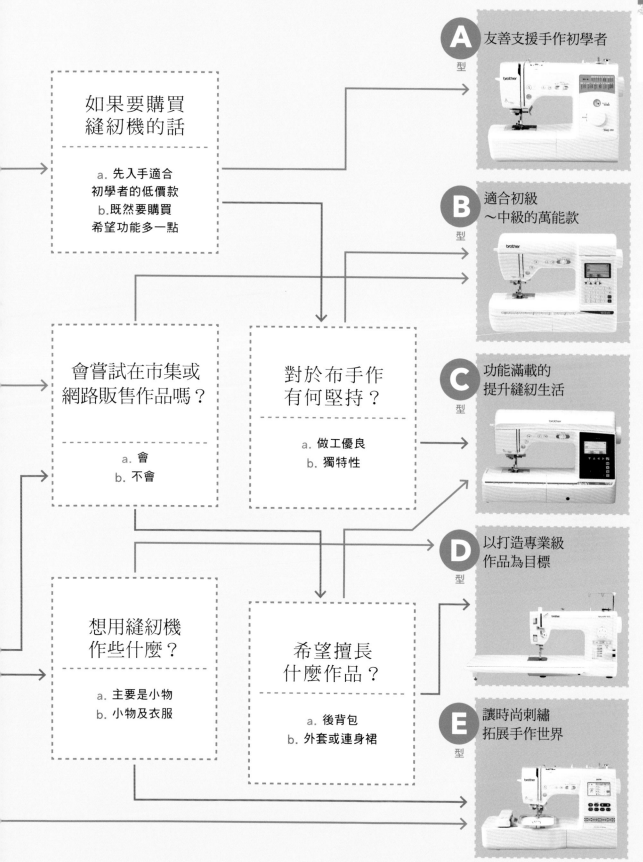

如果要購買
縫紉機的話

a. 先入手適合
初學者的低價款
b.既然要購買
希望功能多一點

會嘗試在市集或
網路販售作品嗎？

a. 會
b. 不會

對於布手作
有何堅持？

a. 做工優良
b. 獨特性

想用縫紉機
作些什麼？

a. 主要是小物
b. 小物及衣服

希望擅長
什麼作品？

a. 後背包
b. 外套或連身裙

A型　友善支援手作初學者

B型　適合初級
～中級的萬能款

C型　功能滿載的
提升縫紉生活

D型　以打造專業級
作品為目標

E型　讓時尚刺繡
拓展手作世界

A型 的您適合這一款！

友善支援從上學用品入門的
手作初學者

只要將拉柄往下壓車線就會自動穿過針眼，連困難的線張力調節也是由縫紉機代勞。功能一個接一個，省下機縫前的準備作業，馬上就能開始縫製。很適合從上學用品著手的初學者。

Teddy 100
踏板與大輔助桌板另售
高30.7×41.9×深19.7㎝　重量6.8kg

輕鬆搬運！

附提把，不使用時可搬移到櫃子內等。

旋轉轉盤就能選擇花樣

有16種花樣，轉動轉盤就能簡易挑選，立刻車縫花樣。

配備容易操作的各項功能

停動（start/stop）、回針、自動剪線，一鍵搞定。布邊縫與開釦眼等常用壓布腳也是標準配備。

提供簡單手作影片

公開各品項的作法與影片，充分支援，讓人做到一半卡住時也不會焦慮不安。

B型 的您適合這一款！

給超愛小物的各位！
能夠挑戰新素材
適合中級者的萬用縫紉機

這款的評價是，之前望之卻步的素材也能順暢車縫了。具備「加長型萬用壓布腳」、「加長型送布齒」及「矩型送布系統」三大功能，任何素材都能漂亮車縫，讓手作範圍更寬廣。

SOLEIL600
高30×寬44.4×深24㎝ 重量8.8kg

大型液晶螢幕

匯集了花樣、針趾長度或擺幅等，方便使用，操作簡單。

與歐根紗重疊車縫也OK！

厚丹寧布的重疊縫合或是與異素材結合等都能順暢車縫。別說是小物，衣服類也沒問題！

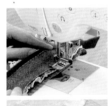

三大功能實現流暢車縫的舒適感

加長型送布齒
其中兩齒比一般長，再搭配加長型萬用壓布腳，就能緊實的夾住布料。

加長型萬用壓布腳
和緩傾斜的前端，即使布料有高低差也能輕鬆應對。

矩型送布系統
將繞圈移動的送布齒改成水平式移動，可以夾送更長的布料。

原本的送布系統
更長的布料
新的送布系統

C型

的您適合這一款！

大件作品、衣服、拼布等通通交給它！
實用功能滿載
讓縫紉生活升級

高品質縫紉機，除了「加長型萬用壓布腳」、「加長型送布齒」及「矩型送布系統」，還配備多項進化功能，提供全新的舒適裁縫生活。肯定能激發創作欲望！

COMPAL 1100

高30×寬48×深24.9cm 重量9.7kg
（未裝上大輔助桌板時）

解放雙手的「膝控抬桿」

用膝蓋操作抬桿，以抬起或放下壓布腳。與踏板併用，作業效率倍增！

「自動剪線鈕」加快作業速度

按下按鈕就能同時剪斷上線與下線，省下拿取剪刀剪線的時間（可程式設定自動剪線功能）。

適合大件作品的「寬大輔助桌」！

大輔助桌板是標準配備，提供寬闊作業空間，方便製作衣服及大型居家擺飾。

在液晶螢幕上直接點選

觸控式選擇想車縫的花樣便能即刻開始。忘記放下壓布腳等也會出現錯誤訊息作為提醒。

隨心所欲的自由曲線縫

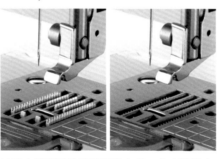

以送布齒升降裝置降下送布齒，自由移動布料。適用拼布的自由曲線縫（搭配另購的壓布腳）或是手縫風格壓線。

好用的「原地止針鈕」！

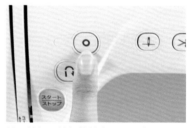

按下按鈕，縫紉機就會在原地車縫約3至5針。根據素材與花樣，也可作為回針縫使用（可程式設定自動止針功能）。

原地止針相關說明 p.41 GO

D型

的您適合這一款！

若以躋身專業級作品為目標，
建議選擇專業用縫紉機。
不論布料厚薄，針趾都很穩定。

推薦給希望更精確、美麗車縫的同好。本體為金屬材質，重又有馬力。特別加強直線縫、上線與下線各取得線張力，這兩項有別於家用縫紉機的特徵便足以大幅提升作品的完成度。

Nouvelle 470

配備大輔助桌板、踏板、軟式防塵罩。平柄HL車針。
高32×寬46×深19.5cm，重量11kg（未裝上大輔助桌板時）。※圖片已裝上大輔助桌板。

下針送布

送布齒上有小針，常出現縫合位移或橫向偏移的柔軟布料也能順利送布，為brother縫紉機原創功能。一抬起壓布腳，下針即自動降下。

壓布腳壓力調節

轉動「壓布腳壓力旋鈕」，調到最適合布料的壓力。薄布就降低壓力，厚布增強壓力，藉此穩固壓住布。

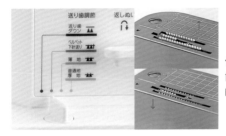

送布齒高度調節

依布料厚薄，以「送布齒升降旋鈕」選擇合適的送布齒高度。

上線調節

有刻度與數字，能簡單直接調節。還能防止上線張力盤穿線錯誤。

專業用縫紉機特徵

下線裝在梭殼內

家用縫紉機捲下線梭子是塑膠製，專業用縫紉機是不鏽鋼製，旋轉速度強大，持久又耐磨耗。

專業用縫紉機可在梭殼微調下線張力。將梭子裝入梭殼，手抓住線端讓梭殼垂下，再輕輕上下抖動，梭殼若緩慢落下表示張力適中，若需微調就轉動梭殼外側的螺栓。

不同於家用縫紉機的水平旋梭，專業用縫紉機是垂直旋梭，需先將梭子放進梭殼再安裝到縫紉機上。

重新撚線

穿入三孔過線棒，重新撚好線。調節線張力以防止跳針。

水平旋梭與垂直旋梭的差異 p.14 GO

E型

的您適合這一款！

同時享有機縫與刺繡樂趣的奢侈感縫紉機。要不要自創圖案，打造出獨一無二的作品呢？

簡單設定就能刺繡，隨心所欲為孩子的用品點綴圖案，或是在簡約小物及衣服加上刺繡提升質感。當然也兼具縫合布料等實用機縫功能，可謂一機兩用。

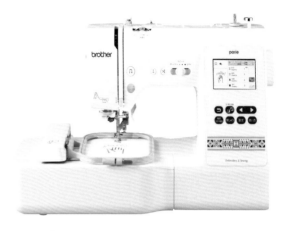

parie

<僅本體>高30.7×寬41.9×深19.4cm，重量7.1kg。
<裝上刺繡機>高30.7×寬52.2×深21.8cm，重量8.6kg

細小圖案也能漂亮刺繡

雖然是內建的圖案，卻能依配置及繡線顏色變化萬千。手工刺繡反而比較難的細小圖案，也只有縫紉機才能精確表現（內建圖案僅限個人使用且非以營利為目的）。

用繡框繃住布

安裝刺繡機，用繡框繃住布。按下按鍵就開始刺繡，繡完一個顏色會自動停止。

隨喜好輕鬆設計圖案

將手邊圖片轉換成刺繡資料就能繡成圖案，提供原創刺繡趣味的應用軟體（另購）。

可免費追加2750種文字刺繡資料的服務深受歡迎。

縫紉機小知識

電子縫紉機與電腦縫紉機的差異

電子縫紉機是以電子回路來控制馬達，大部分是可以車縫實用花樣（樸素花樣）的簡單機型。電腦縫紉機顧名思義是由電腦控制，可搭載針趾設定、複雜花樣及刺繡圖案等各種程式。另有安全裝置（錯誤的聲音或訊息提醒）、自動剪線、觸控面板等豐富程式，當然價格相對也比較高。

縫紉機各部位名稱與功能

針對家用縫紉機的功能進行解說。雖依機種而有些差異，通盤了解各部位名稱及基本功能，會讓縫製作業更順暢。

※以Brother製COMPAL1100為例做說明。

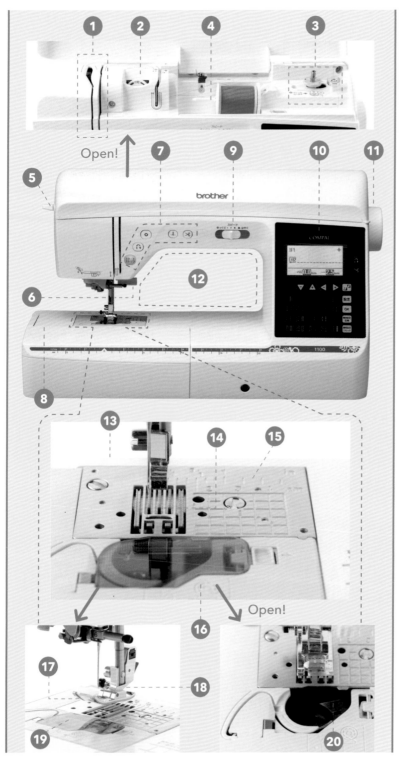

挑線桿閘

1 挑線桿

用途在穿上線，從線軸拉出必要的車線用量、捲回不用的車線，達到緊緻針趾的作用。近來縫紉機的挑線桿大都採內建式，不露出表面。有些機種加裝挑線桿閘（➡p.15），防止上線穿錯方向。

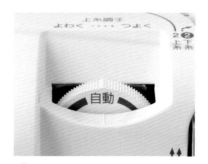

2 線張力轉盤

用於調節上線的張力。標準值是車縫一般布料時。有的機種搭載自動線張力功能，有的是從液晶螢幕設定（➡p.18）。

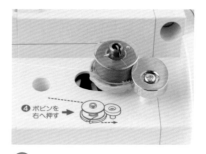

3 捲下線裝置

將下線捲到梭子上（➡p.14）。

4 線輪柱

插入線軸用的圓柱，插入後務必以線輪蓋（➡p.15）緊壓固定。

在縫紉機的背面

5　穿線拉柄

將拉柄向下壓,穿線裝置(➡p.15)會降下,上線自動穿入車針的針眼(依機種而定)。

縫紉機背面

6　壓布腳拉柄

用於放下或抬高壓布腳。另外,當拉柄往上抬,縫紉機內的張力盤會打開,如果上線沒有順利穿入裡面,線張力就不會起作用,因此穿上線時一定要抬高壓布腳(➡p.15)。

7　操作按鈕

除停動鈕(start/stop鈕),還有回針鈕、上下停針鈕及剪線鈕等(➡p.17)。

8　輔助桌(通常稱為零配件盒,另有另購的大輔助桌板的)

車縫時讓布展開的空間。若是大件作品,可加購邊桌或大輔助桌板增加作業面積。相反的,也可取下輔助桌,以巧臂車縫袖子等圓筒形部件。注意,輔助桌太小的話,容易因為布料重量而向左側偏移。

9　速度控制桿

左右移動,調節車縫速度(➡p.17)。

10　操作面板

選擇花樣、設定針趾長度與擺幅等。除了液晶螢幕,也有轉盤式機種(➡p.16)。

11　手輪

用在升降車針,車縫1針時。務必朝身體側(逆時針)轉動手輪。穿上線時手輪位於正確位置十分重要。手輪上有溝槽標記的機種,溝槽在上方就是正確位置。

12　縫製空間

縫製空間是車針向右側延伸處。這部分若過於狹小,在縫製居家擺飾或衣服時會綁手綁腳的。此外,手臂若足以穿過縫製空間,搬運起沉重的縫紉機也會比較安心。

13　送布齒升降旋鈕

位於縫紉機背面的輔助桌位置,用於降下送布齒,進行自由曲線壓縫等。

14　送布齒

抓住布料往縫紉方向推送。送布齒的排數較多或齒較長,送布能力隨之增強。

15　針板

有筆直車縫用的刻度。要漂亮車縫直線,也可以換上「直線針板」(➡p.41)。

16　針板蓋

清理梭床時將蓋子取下(➡p.32)。

17　壓布腳

用於穩固壓布。配合縫法更換適合的壓布腳。

18　壓布腳拉柄

安裝壓布腳用的拉柄。有的壓布腳,例如「均勻送布壓布腳」(→P.31),安裝時需連同拉柄一併取下。

19　梭蓋

梭床上面的半透明蓋子。取放梭子時要拿開。

20　梭床

打開梭蓋,裝入捲好下線梭子的地方。

車針與車線

依據素材搭配車針與車線，不僅針趾美觀，且能減少作業出狀況。一起來學習如何正確挑選針與線，以及上線與下線的穿法。

車針

家用車針概分成三種粗細，配合布料選擇用針。車針是消耗品，需要定期更換，一旦針歪掉或針尖磨損，除了會出現跳針等問題，繼續使用更可能導致機器故障或受傷。

車針汰舊
換新時機
p.108 GO

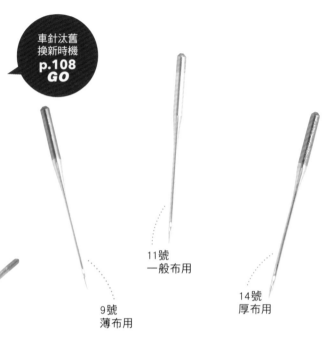

9號
薄布用

11號
一般布用

14號
厚布用

家用車針特徵

針柄有一半是平的，剖面呈魚板狀，這樣安裝時就不會搞錯方向。再仔細看，針桿上有溝槽，用於收入車線再穿進針眼。

溝槽

插至針插
保存

更換車針時，若直接將沾了手指油脂的車針放回盒子容易生鏽，最好是插在針插上保存。

安裝車針的方法

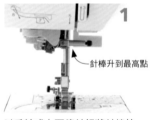
1
針棒升到最高點

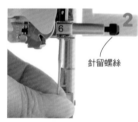
2
針留螺絲

以手輪或上下停針鈕將針棒抬到最高位置。放下壓布腳。

左手拿針，稍微鬆開針留螺絲，將針的平坦面朝後（針眼在正面）插入。

3

4

將車針插入並頂到最深處，以配備的螺絲起子鎖緊針留螺絲。

完成。取下車針的作法是放下壓布腳，左手扶針，另一隻手以螺絲起子稍微鬆開針留螺絲。為預防車針掉進針板孔，先在壓布腳下方鋪放布或紙。

縫紉機
小知識

工業用車針的針柄

工業用車針的針柄是圓的

除了家用車針，工業縫紉機常會使用工業用車針。兩者的差別在於，工業用車針的針柄是圓的。注意，因為是圓的，裝上後有時針眼位置會略微偏移（有的職人反倒會這樣車縫）。圓形能分散負荷，提高車針強度，承受得起馬力強大的工業縫紉機。

車線

車線是捲在線軸上販售，有棉、聚酯纖維、尼龍、絲等材質，其中聚酯纖維的使用頻率最高。依布料厚度選擇線材的粗細。

90號
薄布用

60號
一般布用

30號
厚布用

各式各樣的車線

一般布料依厚薄選擇車線編號即可。若是使用針織或喬其紗縫製衣物，最好挑選具伸縮性的專用車線。至於金蔥等拉力較強的線材，以隨附的網片覆蓋上線的線軸來調節出線的鬆緊度。

金蔥線

金蔥線

先用網片蓋住線再插入線輪柱，並以線輪蓋壓緊。

從網孔穿出線

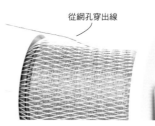

針織專用線

車針與車線的組合

以薄布、厚布為區分標準。多片堆疊車縫或是縫合不同材質布料時要先試縫（➡p.18），再視結果選擇針線。

薄布	一般布	厚布
尼龍、喬其紗、歐根紗、紗布、棉沙典及裡布等	密織平紋布、塔夫塔、亞麻、毛巾布、鬆餅布及平織布等	丹寧、帆布、葛城厚斜紋布、斜織布、燈芯絨、壓棉布等

90號	60號	30號
9號	11號	14號

依素材挑選針線的方法
p.36
GO

NG

縫紉機
不可使用手縫線

有的手縫線也會像車線一樣捲在線軸上，但兩者撚線方向相反，不能互用，務必要以標籤進行確認。有的手縫線的線軸是花朵造型，很好辨識。

※未使用20號以下的粗車線，理由是易造成穿線裝置故障或斷針。

上線 · 下線的穿法

縫紉機無法正常車縫或是針趾凌亂,問題常出在穿錯上下線。掌握好底下說明的穿線重點,當作業途中發生狀況可回頭查閱,重新檢查穿線方法。

準備下線

使用「捲下線裝置」將線捲到梭子。依箭頭指示穿線,梭子向右扳,按下停動鈕。要是線捲得不均勻,可用錐子導引。線捲滿就會自動停止,以線剪或剪刀剪斷線。

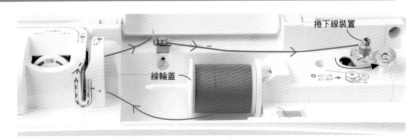

線輪蓋

捲下線裝置

插入線軸,讓線從底側向前繞出,套上線輪蓋壓緊固定。

請使用原廠正貨

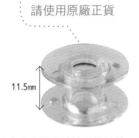

11.5mm

原廠生產販售的梭子目前統一成塑膠材質,厚11.5mm。注意,厚度或形狀不同的梭子有可能導致機器故障。

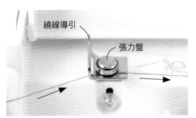

繞線導引

張力盤

線要確實繞到最深處

讓線穿過「繞線導引」與「張力盤」是很大的重點。確認線有沒有繞到張力盤下方。

擋片

順時鐘捲線

拉緊線,順時鐘在梭子上繞5至6圈。梭子向右扳卡進擋片,以梭子底座的切割槽剪斷手中的線。

下線穿法

大多數家用縫紉機為水平旋梭,梭殼內建,只要把梭子放進去就OK了。一手握住線頭,一手輕壓梭子,依箭頭指示穿線。不需要將底線往上拉。

逆時針
設定下線

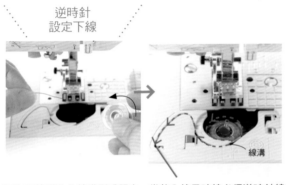

線溝

因為下線要收入線溝形成張力,當放入梭子時線必須逆時針繞出。一旦搞錯方向,線張力就會出問題。

縫紉機
小知識

水平旋梭與
垂直旋梭

家用縫紉機的水平旋梭,其優點在只需調節上線張力,操作簡單。專業用縫紉機的垂直旋梭有安裝調節下線張力的梭殼,是以上線與下線來平衡線張力,可微調下線張力,但仍需一點技巧。另一個特點是,因為是縱向裝上梭子,出線方式更自然,車縫時線繃得很緊,針趾穩定。

垂直旋梭

梭殼

上線穿法

依指示穿上線,最後穿進針眼。穿線前務必將車針升至最高點,抬高壓布腳,且縫紉機內側的張力盤是打開狀態（➡p.11）。穿線時線需保持一定緊度、不鬆弛。

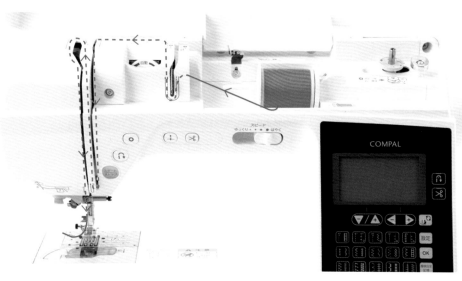

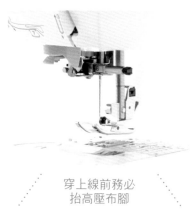

穿上線前務必
抬高壓布腳

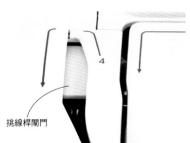

挑線桿閘門

加裝挑線桿閘的機種,當壓布腳是放下狀態,挑線桿閘會關閉而無法穿線。抬高壓布腳,挑線桿閘就會打開。

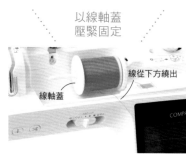

以線軸蓋
壓緊固定

線從下方繞出

線軸蓋

線從底側向前繞出。如果線軸或線輪蓋未正確放置,線容易糾結在線輪柱,造成斷線或斷針（➡p.109）。

線穿入車針

將線穿過壓布腳
下方往後拉出

1

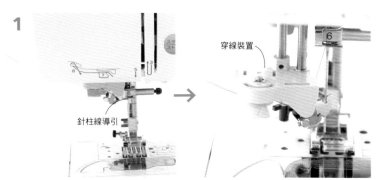

穿線裝置

針柱線導引

線穿過針柱線導引後放下壓布腳。確認車針已經升到最高點,將穿線拉柄（➡p.11）下壓,降下穿線裝置。

2

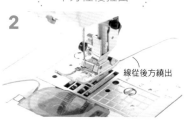

線從後方繞出

當穿線拉柄慢慢回到原位,線就自動穿入針眼。抬高壓布腳,將線穿過壓布腳下方往後拉出。若無自動穿線裝置,或是使用透明車線等特殊線材,就用手握住線頭穿針。不需要將底線往上拉。

基本縫法

終於要啟動縫紉機了。就從基本的縫法與縫份處理著手吧！
此外，確認縫紉機狀況及縫製效果的「試縫」，之後也會再做，請務必記下作法。

車縫前的準備

請將有一定重量的縫紉機放在平穩堅固的檯面上作業。
加上是耗眼力的作業，保持空間明亮也很重要。

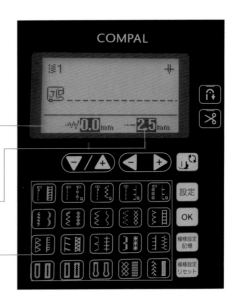

設定擺幅
縮小或放大Z字的擺幅（針往左右移動）。直線縫的擺幅是0.0mm。

1 設定花樣與針趾長度

透過液晶螢幕或旋鈕，配合需求途選擇花樣，並設定擺幅與針趾長度。有的花樣會設定標準值，可隨喜好變更數值。變更擺幅時，先慢慢轉動手輪，確認車針不會撞到壓布腳再開始車縫。

設定針趾長度
拉長或縮短1針的長度。標準值為2.5mm。

選擇花樣
選擇想要的花樣，可依花樣替換專用壓布腳。

2 安裝壓布腳

配合選定的花樣安裝合適的壓布腳。縫紉機會配備壓布腳，可另外再準備幾個便利好用的壓布腳（另購），拓展手作範圍（➡p.30-31）。

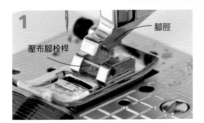

1
抬高壓布腳拉柄，讓壓布腳桿位於腳脛凹槽正下方。

壓布腳栓桿
腳脛

2
慢慢放下壓布腳拉柄，讓栓桿嵌入凹槽。再次抬高拉柄，確認已牢固裝上壓布腳。

慢慢放下拉柄以免刮傷送布齒

3
要拆下壓布腳時……
抬高壓布腳拉柄，按下腳脛後側的黑色鈕即可拆下。

縫紉機小知識

切換「基線」

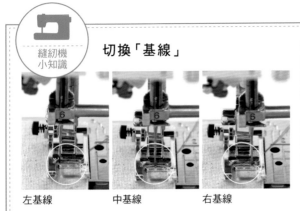

左基線　　　中基線　　　右基線

家用電腦縫紉機有很多機種可以變更車針位置（基線）。當布端對齊壓布腳右側車縫，會如圖般逐漸位移。因此在沒有畫完成線車縫時（➡p.21），可以變更基線來決定縫份寬度。若設定在左基線，布料不易捲進針板孔，方便用來車縫薄布料（➡p.41）。

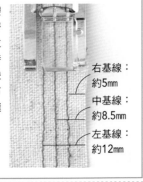

右基線：
約5mm

中基線：
約8.5mm

左基線：
約12mm

3 正確的坐姿

將縫紉機放置平穩檯面，空出縫紉機的左側，方便布料展開。接著將身體中心對齊車針正面坐下。調整座椅高度，視線在可以看到針尖及壓布腳的位置。維持一個長時間作業也不易疲倦的自然坐姿。

4 啟動縫紉機

按下停動鈕，實際轉動縫紉機。一開始先放慢車縫速度，速度太快，容易手忙腳亂。

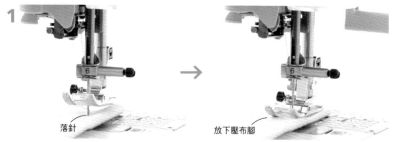

落針　　　　　放下壓布腳

抬高車針與壓布腳，布料置於壓布腳下面。轉動手輪，在起點落針，接著放下壓布腳。

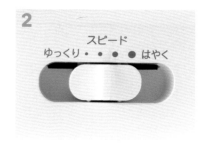

2

スピード

ゆっくり ● ● ● ● はやく

以速度控制桿設定車縫速度。

3

按下停動鈕，或是腳踩踏板，開始車縫。

4

縫紉機會自然往前車縫，雙手只需輕壓布，讓布不要歪掉就好。如果布較長，用右手從下方扶住布也能避免位移。最後再按下停動鍵，結束車縫。

依布的長度調整右手的輔助方式

進行試縫

為了確認線張力及針趾長度等，在正式車縫作品前，先以相同條件的零碼布、車線與車針進行試縫。因為不會只縫單片布，所以試縫時至少要重疊兩片以上。若線張力太鬆或太緊，多半是因為上線或下線穿法不對。確認穿法後仍未見改善，再以線張力轉盤進行調整。家用縫紉機不能調整下線張力，所以只以上線形成張力。

將布往左右拉開確認線張力

車縫直線，從正反兩面檢查針趾狀態。

接著將布料攤平，檢查縫合處，確認上線與下線的強弱有無失衡。

◯ 正常的線張力

上線與下線的打結點約在布的中間，正面只看到上線，背面只看到下線。

（正面）

（背面）

OK　p.19 GO

✕ 上線張力太弱

打結點浮在布料背面，背面可以看見上線。很可能是上線穿法不正確。

（正面）

（背面）

NG

✕ 上線張力太強

打結點浮在布料正面，正面可以看見下線。很可能是下線穿法不正確。

（背面）

（背面）

NG

― 依底下 ❶ 至 ❸ 的順序進行調整 ―

❶ 檢查上線穿法是否有誤
（➡ p.15）

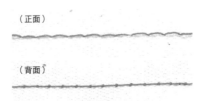

壓布腳拉柄

抬高

線不鬆弛

繞到最深處

在沒有抬高壓布腳拉柄的狀態穿上線，無法形成張力。

線未確實穿過挑線桿，針趾就容易亂掉。穿上線的訣竅在讓線保有一定緊度。

❷ 檢查下線穿法是否有誤
（➡ p.14）

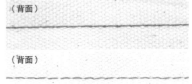

拉緊線放入

依指示確認梭子放入方向

將下線放入線溝時要拉緊，否則針趾也會亂掉。放入梭子的方向常會弄錯，需多加留意。

上糸調子
よわく ‥‥ つよく
2 2
上下
糸糸

自動

❸ 以線張力轉盤調整張力

檢查過上線與下線的穿法後再次試縫，若張力仍未改善，可左右轉動線張力轉盤進行微調。

車縫直線

從基本的直線縫開始吧！介紹兩種作法，一是畫完成線
車縫，二是不畫完成線，利用工具車縫。看似簡單的直
線縫，要不偏不倚的筆直車縫，其實比想像中難。

使用的壓布腳
基本壓布腳
（萬用壓布腳）

有完成線時

一般的作法是先在布上畫完成線，再順著完成線車縫。
先放慢車縫速度，習慣後再逐漸加速。

（背面）

不要刺得太深

珠針固定順序
① ③ ④ ②

（背面）
先固定記號的兩
端，之間再均等
插上。

1　在完成線上插珠針

將畫上完成線的兩片布正面相疊，在完成線上插珠針。珠針垂直刺穿布再挑一點布，
與完成線垂直相交的穿出。針尖不要露出太多。

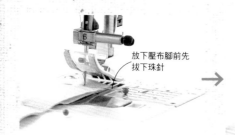

放下壓布腳前先
拔下珠針

2　車針落在起點

使用基本壓布腳（萬用壓布腳）。旋轉手
輪，在起點落針。若起點有珠針，等車針刺
入布再拔下珠針，放下壓布腳。

這個！

選擇左基線的
直線縫

3　選好花樣開始縫

參考p.16至p.17，設定直線縫的種類與
速度。接著按停動鈕，開始慢慢縫。雙手
輕壓布料。

續下頁

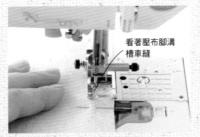

看著壓布腳溝
槽車縫

4 在靠近壓布腳時拔掉珠針

讓珠針進入壓布腳下會損傷送布齒，務必在靠近壓布腳時把珠針拔掉。

5 看著壓布腳溝槽筆直車縫

不是看著上下移動的車針，而是以經過完成線上的壓布腳溝槽為導引，筆直車縫完成線。

6 按下停動鈕

車到終點就按下停動鍵。

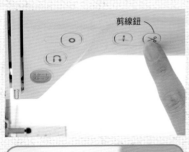

布往後拉，帶出長長線頭

7 剪線

按下剪線鈕將線剪斷。若沒有剪線鈕，先抬起壓布腳，旋轉手輪將車針升到最高點，布往後拉，帶出長長的上線和下線，以線剪或剪刀剪斷線。

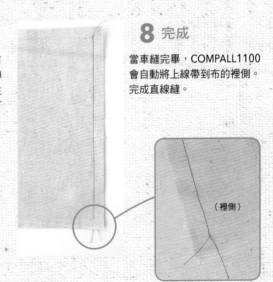

8 完成

當車縫完畢，COMPALL1100會自動將上線帶到布的裡側。完成直線縫。

（裡側）

將上線與下線打結預防脫線

未使用自動剪線功能，或是沒在薄布上回針縫（➡p.22），這是防止脫線的安心收尾方式。

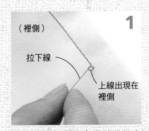

（裡側）

拉下線

上線出現在裡側

1

輕拉下線，上線會呈輪狀的出現在裡側。

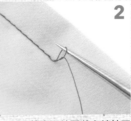

2

以錐子等穿入線圈將上線拉至裡側。

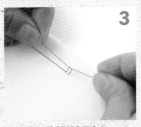

3

上線與下線打結2至3次。

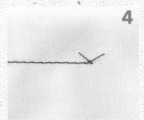

4

將線剪短。

無完成線時

完成線尺寸加上縫份後裁布，利用便利工具使布端與縫份保持一定間距車縫。
這個方法也適用無法移動車針基線的縫紉機。

使用紙膠帶

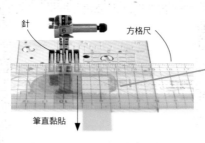

針　　方格尺
筆直黏貼

針
貼上紙膠帶
縫份寬
1cm

1 準備紙膠帶

準備3至5片約5cm長紙膠帶，疊起黏貼，
製造厚度。

2 將紙膠帶貼在車針至
縫份寬度的位置

在車針（範例是中基線）右邊至縫份寬度（範例
是1cm）的位置筆直貼上紙膠帶。使用方格尺會
更方便作業。

方格尺
p.34
GO

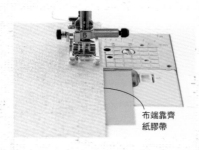

布端靠齊
紙膠帶

3 布端靠齊紙膠帶車縫

布端靠齊紙膠帶放下車針，參考p.19-20車縫。
紙膠帶有厚度，方便對齊布端。

·磁鐵定規器最好在
專業用縫紉機上使用

磁鐵定規器的強大磁力會
影響家用縫紉機的馬達，
導致線張力惡化，如果在
家用縫紉機上使用要多注
意。

使用縫份導引器

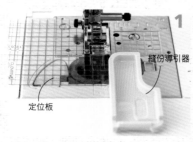

縫份導引器
定位板

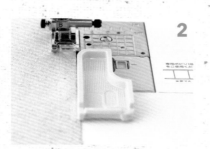

在配備的「定位板」孔洞（代表必要的縫
份寬度）落車。定位板筆直放置，縫份導
引器的長邊靠齊定位板側邊黏貼。

移開定位板，順著縫份導引器車縫布端。
縫份導引器是黏貼型，可重複使用，十分
方便。

縫份導引器
p.34
GO

回針縫

為防止綻線，在起點與終點重複車縫數針加強固定，稱為「回針縫」。一般布料基本上是「前進3針＋後退3針（回針縫）＋前進3針」一共疊了三層。針趾易皺縮的薄布或要避免回針處過於明顯，也會縮減成兩層（➡p.41）

這個！

使用的壓布腳
基本壓布腳
（萬用壓布腳）

起點

壓住上線再開始縫可避免車線結球

壓住上線與布

1 在起點落針

與p.19一樣在起點落針，放下壓布腳。

起點因為上線張力弱，背面容易糾纏結球，用手壓住線與布再開始縫會更順暢。

回針鈕

2 前進3針，按住回針鈕

按下停動鈕慢慢前進3針，接著按住回針鈕，倒退3針。一直按住回針鈕會持續回針，當倒退3針回到起點時就放開回針鈕。

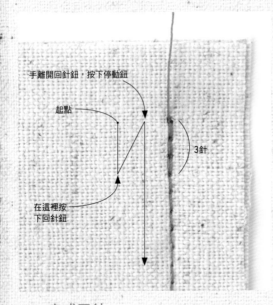
手離開回針鈕，按下停動鈕
起點
3針
在這裡按下回針鈕

3 完成回針 持續前進車縫

再按一次停動鈕，前進車縫。重複縫了三層變得很牢固。

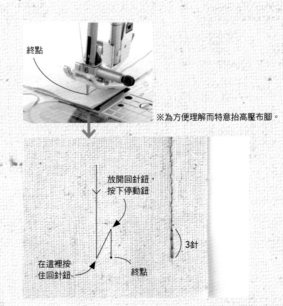
終點
※為方便理解而特意抬高壓布腳。

放開回針鈕，按下停動鈕
在這裡按住回針鈕
終點
3針

4 縫到終點再按住回針鈕

縫到終點再按住回針鈕，倒退3針。接著按停動鈕前進3針回到終點，再按下停動鈕結束。

薄布的回針竅門 p.41 GO

車縫轉角

車縫轉角最重要的是在車針刺入布的狀態下旋轉布。針若未刺入布，布會移動產生偏離。此外，轉角也常因為被金屬壓布腳遮擋而難以掌握它的準確位置，換成塑膠的透明壓布腳作業更方便。

使用的壓布腳

基本壓布腳
（萬用壓布腳）

透明Z字壓布腳（ZigZag foot）（➡p.30）能清楚看見轉角

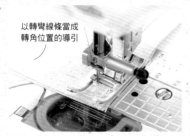

以轉彎線條當成轉角位置的導引

1 車縫至轉角前1針

依p.19的說明開始車縫，直到轉角前一針。至於轉角位置，就以轉彎後的線條為導引，或是在落針狀態下抬高壓布腳做確認。

2 最後1針以手動方式落針

最後1針的作法是壓布腳放下，朝身體側旋轉手輪，讓車針正確落在轉角上。如果落針位置與轉角有一點差距，可以調整最後1針的針趾長度（➡p.16）。

※圖片特意抬高壓布腳方便理解。

3 旋轉布，放下壓布腳

在落針狀態下抬高壓布腳，將布旋轉90°，筆直朝著轉角面前的線條。放下壓布腳繼續車縫。

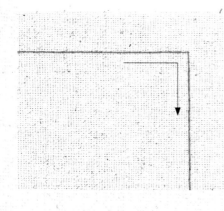

4 完成

完成90°轉角的車縫。若要加強固定轉角，可在3之前回針縫（參考p.22-4）在落針狀態下將布旋轉90°。

無法準確在轉角落針的補救技巧
p.64
GO

縫紉機小知識

向前車縫與後退車縫的針趾長度不同

從起點前進3針再回針3針，結果並未準確回到起點，為什麼會這樣呢？理由是回針（後退）時送布齒為逆向旋轉，比起一般的前進車縫，布料較易皺縮，針趾也因而略微變短。

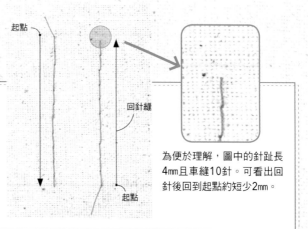

起點

回針縫

起點

為便於理解，圖中的針趾長4mm且車縫10針。可看出回針後回到起點約短少2mm。

車縫弧線

要車縫容易起皺歪斜的弧線，關鍵在定下心慢慢作業。
與直線相同，車縫時將視線放在壓布腳而不是上下移動
的針尖。介紹有完成線與無完成線兩種弧線縫法。

使用的壓布腳
基本壓布腳
（萬用壓布腳）

有完成線時

事先在布上畫完成線，再順著完成線車縫的方法。
縫時以壓布腳溝槽為導引。

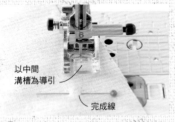

以中間
溝槽為導引

完成線

1 看著壓布腳溝槽車縫

車針位於中基線。在起點落針，放下
壓布腳開始車縫。完成線通過壓布腳
中間溝槽，慢慢車縫。

2 抬起壓布腳重新整布

以左手腕為軸心，指尖沿著圓弧邊撐著
布。若作業途中布料發生堆擠，就在落
針狀態下抬高壓布腳，重新整布。

3 完成！

無完成線時

以完成線尺寸加上縫份裁布，讓布端與縫份保持一定間距車縫的方法
（與p.21相同）。

布端對齊壓布
腳右側

等於縫份
寬度

1 對齊壓布腳右側與布端

圓弧邊並不適用p.21的紙膠帶作法，直接將布
端靠齊壓布腳右側。設定車針的基線，使壓布
腳側邊與車針的距離等於縫份寬度，接著放下
車針。

以錐子輔助

2 手只是輔助

看著壓布腳側邊車縫圓弧邊。以手腕
為軸心，指尖沿著圓弧邊在布上移
動，以錐子按壓布端前進。

3 完成！！

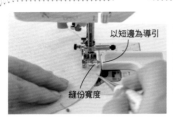

以短邊為導引

縫份寬度

使用縫份導引器也OK

無法移動基線的縫紉機，可利用方便
的縫份導引器（➡p.34）。用法與
p.21相同，但縫弧線是使用短邊。

邊機縫

包包的開口周邊常會用到邊機縫。由於大部分是縫在正面的明顯位置，事先掌握漂亮車縫的竅門，可以讓作品增色不少。尤其是當布料多層重疊變厚時，建議換上中心有導引板的「壓線壓布腳」。

使用的壓布腳

基本壓布腳
（萬用壓布腳）

布邊接縫壓布腳

正面相疊車縫
再翻到正面

（正面）

1 平整熨燙布端

兩片布正面相疊，縫合一邊再翻到正面的樣子。縫份倒向兩側，確實熨燙，翻到正面才會平整好看。

當正面的那一側在上方車縫

布端對齊壓布腳中央的溝槽

2 從正面進行端車縫

在褶線進行直線縫，讓1的縫合處更加平整。因為上線的針趾整齊美觀，基本上端車縫是從表側進行。範例的車針位於左基線，布端對齊壓布腳中央溝槽車縫。如果是不易推進的布料，可以改變車針位置，讓送布齒上推進更多布。

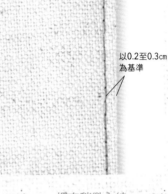

以0.2至0.3cm
為基準

裡布稍微內縮，
整體更美觀

表側布稍高於裡側布

（裡側）

在1中翻回正面，整燙時讓裡側的布稍低於表側，再從表側進行端車縫的話，針趾會既穩定又美觀。

1

在提把等細長部件
善用縫份導引器

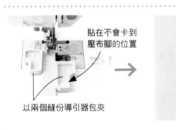

貼在不會卡到
壓布腳的位置

以兩個縫份導引器包夾

要在細長的提把上進行端車縫，建議使用兩個縫份導引器夾住提把兩側車縫，效果又直又好看。

縫紉機
小知識

邊機縫與
落機縫的差異

落機縫有幾個作法，一個是車縫接縫處邊緣（如右圖），使縫合的一側穩定服貼，另一側看起來略膨。另一個作法是燙開縫份，在接縫處上車縫（如左圖）。這兩種作法都適用希望針趾越不明顯越好的場合。

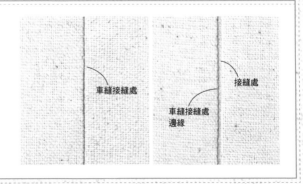

車縫接縫處

接縫處

車縫接縫處
邊緣

處理布邊的各種方法

處理布邊是製作小物或衣服不可少的步驟。方法包括基本的布邊縫與Z字縫，以及常出現在作法中的幾個漂亮處理縫份作法。

布邊縫

布邊縫是一般家用縫紉機配備的功能。雖然要更換壓布腳，但作法簡單，成果好看，十分推薦。薄布在縫布邊時，針趾不要太密，形狀也宜簡單。如果擺幅也像厚布那麼大，針趾容易浮凸或是布邊起皺。

使用的壓布腳
布邊壓布腳

（一般布～厚布）

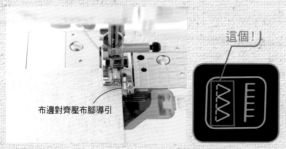

布邊對齊壓布腳導引

這個！

1 選擇壓布腳與花樣

換上縫紉機配備的布邊壓布腳，花樣選擇「布邊縫（厚布用）」（➡p.16）。以布邊壓布腳較長的右側為導引，將布邊對齊此導引，放下車針，降下壓布腳。落針位置並非緊臨布邊，而是布邊向內0.2至0.3cm處。

以「針趾長度」設定
以「擺幅」設定
（背面）

2 車縫布邊

按下停動鈕開始車縫。布與壓布腳導引若貼得太緊，布邊會變得鼓鼓的，只要平行對齊就好。車縫完畢，抬高車針與壓布腳，將布往後拉出，剪斷線。

（一般～薄布）

這個！

1 選擇壓布腳與花樣

換上「布邊壓布腳」，花樣選擇「布邊縫（薄布用）」（➡p.16）。布邊對齊壓布腳右側的導引，放下車針，降下壓布腳。

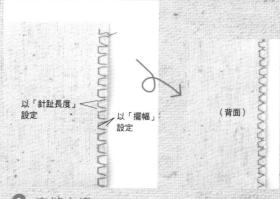

以「針趾長度」設定
以「擺幅」設定
（背面）

2 車縫布邊

按下停動鈕開始車縫。布與壓布腳導引若貼得太緊，布邊會變得鼓鼓的，只要平行對齊就好。

Z字縫

如果縫紉機沒有布邊縫功能，有時可用Z字縫替代處理布邊。而除了處理布邊，Z字縫還有許多用途。

使用的壓布腳

基本壓布腳
（萬用壓布腳）

這個！

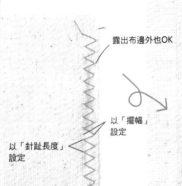

露出布邊外也OK

以「擺幅」設定

以「針趾長度」設定

（背面）

選擇壓布腳與花樣

選擇「Z字縫」花樣，以擺幅設定Z字的左右寬度，以針趾長度設定上下寬度（Z字粗細）。車針可緊臨布邊落下或差一點就滑出外面的位置車縫。

用法多元的Z字縫

接縫貼布縫布片

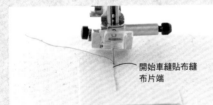

開始車縫貼布縫布片端

（擺幅2mm／針趾長度0.7mm）　（擺幅2mm／針趾長度1.6mm）

Z字縫很適合用來接縫貼布縫布片。改變針趾長度能營造出不同氛圍。車針靠齊貼布縫布片邊緣車縫，Z字會露出貼布縫外緣，很好看。

止縫固定緞帶

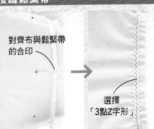

將緞帶放在土台布上，在緞帶上Z字縫。比車縫固定緞帶兩端的作法簡便。

接縫鬆緊帶

對齊布與鬆緊帶的合印

選擇「3點Z字形」

將鬆緊帶放在土台布上車縫，簡單就能縫出細褶，可用來製作抽縐袖口等。

這個！

選擇「3點Z字形」，對應鬆緊帶伸縮。

三摺邊車縫

摺兩次布端,車縫褶線,這是最普遍的作法。
應用:服裝的下襬與袖口處理,以及束口包等。

1

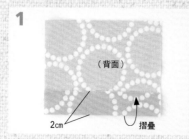

(背面)

2cm　摺疊

背面相對的將布端摺疊2cm熨燙。

止滑熨燙尺方
便好用!
(➡p.34)

2

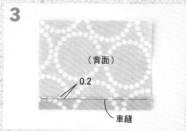

(背面)

1cm　　摺疊

展開褶線,布端朝內側摺疊1cm熨燙,
再依1的褶線摺疊。

3

(背面)

0.2

車縫

車縫三摺邊的褶線。

ZOOM

4

(正面)

完成。正面可以看見一道縫線。

雙邊摺縫

燙開縫份,分別將兩側縫份三摺,再車縫褶線壓線。用於降低作品厚度。
應用:帽子接縫處或衣服後中央等。

1

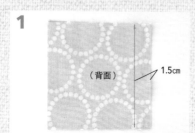

(背面)

1.5cm

將兩片布正面相疊以珠針固定,車縫布
端向內1.5cm處。

2

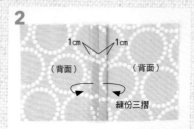

1cm　1cm

(背面)　　(背面)

縫份三摺

燙開縫份,將縫份依0.5cm→1cm寬度三
摺熨燙。

3

以左基線
車縫　　　以右基線
　　　　　車縫

自褶線側插上珠針,車縫褶線向內0.2至
0.3cm處。左側設定左基線,右側設定右
基線,從同一方向車縫不易歪掉。

4

(背面)　　(背面)

(正面)　　(正面)

完成。正面可以看到接縫處左右的兩道縫線。

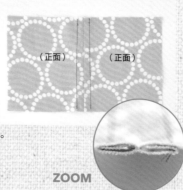

ZOOM

包邊縫

以較寬的縫份包捲較窄的縫份，車縫褶線。
應用：帆布托特包或衣服脇邊的縫份處理等。

1

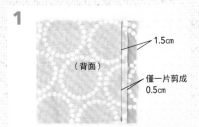

1.5cm
（背面）
僅一片剪成
0.5cm

將兩片布正面相疊以珠針固定，車縫布端向內1.5cm處。其中一片的縫份剪成0.5cm。

2

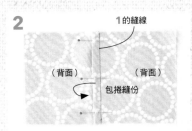

1的縫線
（背面）　（背面）
包捲縫份

將兩片布攤開，縫份倒向較窄的那一側整燙。接著以較寬的縫份包捲較窄的縫份，整燙後以珠針固定。

3

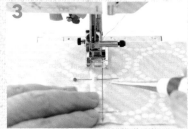

車縫褶線向內0.2至0.3cm側（此時車針位於左基線）。

4

（背面）　（背面）

完成。正面可以看到一道縫線。

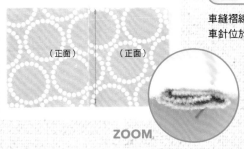

（正面）　（正面）

ZOOM

袋縫

兩片布背面相疊車縫，翻到背面將布端包住車縫。
應用：枕套或束口包等直線縫作品。

1

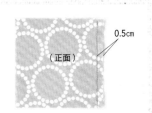

0.5cm
（正面）

將兩片布背面相疊以珠針固定，車縫布端向內0.5cm處。

2

（正面）　（正面）
燙開縫份

將布攤開，燙開縫份並燙出褶線。

3

（背面）

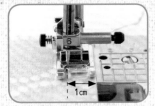

1cm

接著正面相疊，車縫離布端約1cm處（此時車針位於左基線，布端對齊壓布腳右側車縫），將1中的縫份包進內側。

4

（背面）

（正面）

ZOOM

完成。正面看不到縫線。

便利的壓布腳是裁縫好幫手

好想更漂亮、針趾更整齊穩定的車縫！此時，善用壓布腳是一個好辦法。那麼，除了縫紉機的標準配備，再介紹幾款有的話會很方便的壓布腳吧！雖然有的比較專門，但用過一次就會對美麗成果驚艷不已。

大幅提升作業效率的壓布腳

(布邊接縫壓布腳)

附長導引棒，可讓布端靠齊車縫，穩定進行邊機縫。應用在包包開口周圍等，會讓作品更出色。落機縫時使用也很方便。

布端靠齊長導引棒

布端對齊壓布腳中間伸出的黑色導引棒車縫。

能緊臨布端整齊車縫，適用提把等細長部件。

因為長導引棒而能穩定漂亮的車縫。

(皮革壓布腳)

鐵氟龍材質，在車縫合成皮、塑膠布及防水布等送布不順的素材時使用（→ p.38）。

包包接縫合成皮提把時的利器。

提升布料滑順度，使針趾更美觀。

(透明Z字壓布腳)

形狀與基本壓布腳相同。透明，更容易看到針趾。不論是車縫轉角（→p.23）、在線上車縫，還是裝飾縫都十分好用。

加上水兵帶或緞帶時，可一邊確認落針位置一邊車縫。

(拉鍊壓布腳)

與安裝拉鍊的標準工具「單邊壓布腳」（→ p.48）相比，寬度較窄，能更貼近拉鍊車縫。不限拉鍊，需要緊靠邊緣車縫的都能派上用場。

鍊齒

有了這個，出芽滾邊好輕鬆。

少了單邊壓布腳的外突部分，能緊靠拉鍊鍊齒車縫。翻到正面壓線，也可以不碰撞鍊齒的貼近車縫。

讓精美度升級的壓布腳

（密針縫壓布腳〈樹脂材質〉）

前端寬大，可清楚看著壓布腳下面的貼布縫或圖案輕鬆作業。

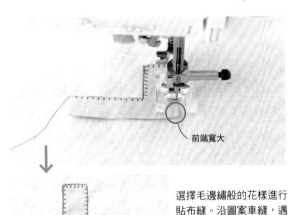

前端寬大

選擇毛邊繡般的花樣進行貼布縫。沿圖案車縫，遇到轉角也很容易看到。

（高低差壓布腳R）

壓布腳右側有1.5mm落差，可靠齊布端或褶線穩定車縫。邊機縫有厚度的布料時也能使用。

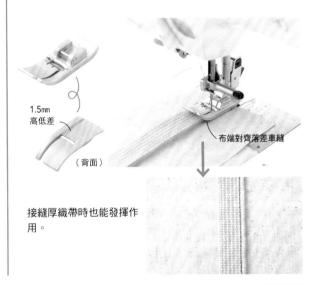

1.5mm
高低差

（背面）

布端對齊落差車縫

接縫厚織帶時也能發揮作用。

（均勻送布壓布腳）

與車針連動，壓布腳本身就具備送布功能。不論是會黏在針板或壓布腳上的素材，或是重疊3片進行壓線，都能順利送布，不位移。

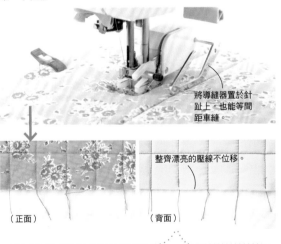

將導縫器置於針趾上，也能等間距車縫。

（正面）

（背面）

整齊漂亮的壓線不位移。

以基本壓布腳進行壓線…… **NG**

在兩片布之間夾入鋪棉，並以基本壓布腳壓線，乍看工整，但一翻到背面就會發現表布延展，而沒有對齊縫合。

（背面）

（串珠壓布腳）

可將直徑4mm以內的串珠固定成帶狀的獨特壓布腳。也可用來接縫粗蠟繩或有厚度的花邊。

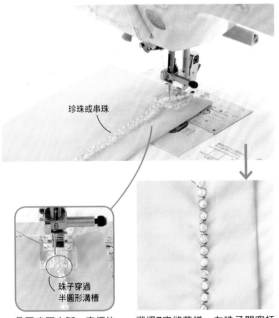

珍珠或串珠

珠子穿過半圓形溝槽

具厚度壓布腳，直徑約4mm半圓形溝槽可讓珍珠通過。

選擇Z字縫花樣，在珠子間穿插固定。上線使用透明線或裝飾線也很漂亮。

縫紉機的清潔保養

縫紉機使用一段時間會在內部堆積布屑或線渣等,逐漸影響針趾的美觀度,因此需要定期清潔保養。依使用頻率而定,大約每個月清潔一次,用起來就順手愉快。

※保養方式因機種而異,請務必詳閱說明書進行作業。

清潔梭床

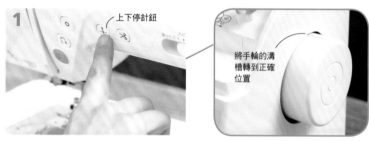

上下停針鈕

將手輪的溝槽轉到正確位置

按上下停針鈕將車針抬高。或者將手輪轉到正確位置。

取下車針

螺絲起子

關掉縫紉機,拔下電源插頭。抬起壓布腳拉柄,以隨附的螺絲起子慢慢鬆開針留螺絲,取下車針。

取下壓布腳

壓布腳腳脛也一併取下。

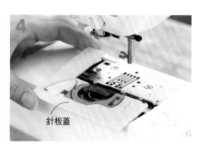

針板蓋

卸下輔助桌,將針板蓋朝身體側扳開取下。

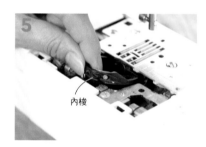

內梭

取出內梭。

布滿灰塵棉絮!

梭床

刷子

使用隨附的刷子清除梭床周圍的線渣與灰塵棉絮。

螺絲起子

針板

使用隨附的螺絲起子慢慢鬆開針板螺絲,取下針板。

不要拆下黑色不織布部分

8

使用刷子與鑷子清除針板下的灰塵。若灰塵太多，可改用吸塵器清理。

9 黑色部分

黑色不織布的部分不要拆下。那是為自動剪線功能提供阻力而特意裝上的。

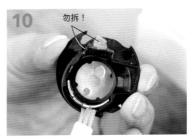

10 勿拆！

用刷子清潔5中取出的旋梭。注意，圖中標示的部分也不要拆下。

11 對齊記號

裝回旋床，對齊旋床的▲記號與縫紉機的●記號嵌入。轉動手輪以確認安裝無誤。接著再依針板→針板蓋→壓布腳腳脛的順序裝回去。

OK

NG

如果未完全嵌入，轉動手輪時旋床會彈上來。

保養後進行試縫！

正面　after　before

背面　after　before

車縫厚棉布，從正面看，清潔前（右）與清潔後（左）差異不大，一翻到背面，可明顯看出針趾變漂亮了！運作聲音也變小。

清除液晶螢幕污垢

以柔軟乾布輕拭螢幕灰塵。毛巾布、針織布或眼鏡布都OK。

清潔縫紉機本體的灰塵

以柔軟乾布輕拭線輪柱等各部位灰塵。不可使用清潔劑或有機溶劑。

實用機縫工具大集合

除了必備的剪刀及珠針，經常在本書登場的便利工具齊聚一堂。
請實際運用，感受它們在作業進度與作品精緻度上帶來的效益。

協助取材／CLOVER

縫份導引器
〈附定位板〉
與布端保持一定間距
的筆直車縫。為黏貼
式，金屬或塑膠均適用
（➡用法參考p.21、
24、25）。

強力夾
礙於布料材質或布片多
層重疊而難以用珠針固
定時，就輪到強力夾上
場。有多種造型與尺寸
（➡用法參考p.36、
38、42）。

錐子
送布導引、整理邊角及
協助細部作業等。不會
太尖銳而傷及布料的平
滑錐子也很好用。
左／N系列錐子
右／平滑錐子

方格尺〈20cm〉
利用尺上的方格與刻度，以
正確的間距標示縫份。也能
簡單畫直角與正斜角。有一
定柔軟度，用來測量弧線也
可。

滾輪骨筆
輕輕施力即可壓平厚布
縫份或於防水布上壓
出褶線。省力又能提
升品質（➡用法參考
p.36）。

拆線器
拆除鈕釦線或車縫損傷
處。也用於開釦眼（➡
用法參考p.47）。

滾邊器
〈寬18mm〉
將斜向裁剪的細長布條
穿入滾邊器，拉出整
燙，快速製作斜布條！
有多種寬度（➡用法參
考p.63）。

穿繩器
柔軟的彈性塑膠長棒，可以
快速穿過鬆緊帶或繩子。附
夾片，可預防鬆緊帶中途脫
落。2入組。快速穿繩器。

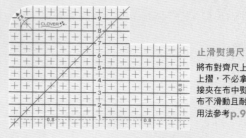

止滑熨燙尺
將布對齊尺上的刻度往
上摺，不必拿掉，可直
接夾在布中熨燙。保持
布不滑動且耐蒸氣（➡
用法參考p.93）。

基本工具推薦

珠針
穿透性佳、不傷布的定番款珠針。耐
熱，直接熨燙也沒問題。100根入。
「絲針（耐熱）」。

消失筆
可用水或記號消去筆清除
的水消筆（左），或是
經過一段時間記號會自
動消失的氣消筆（右）
等。細筆尖方便描繪圖案
等細小記號。「左／水性
消失筆（藍色，細）」，
右／水性消失筆（紫色，
細）」。

線剪
刀尖銳利，方便精細作
業的活躍剪線。刀刃為
堅固不鏽鋼材質。附皮
革套。「裁剪作業剪刀
115」。

布剪
本體輕，刀刃鋒利。握
把為順手好握的強化樹
脂材質。長時間使用也
不容易累。「布剪（黑
色）24cm」。

應用篇

縫紉機的各種用途

step up

一起來學習讓作品升級的機縫技巧。

抽縐、開釦眼、安裝拉鍊以及滾邊等，

正因為有了縫紉機才能快速又美觀的完成。

另外也介紹了打造煥然一新感的縫紉小祕訣，

以及尼龍、合成皮、針織之類特殊素材的處理方式等

許多開闊手作世界的實用資訊。

● 縫製步驟中的數字基本上是以cm為單位。
● 說明時為便於理解而改變車線顏色，實際製作請配合布料顏色挑選車線。
● 若無指定，起點與終點需回針。

各種素材的車縫要點

掌握素材特性，挑選合適的針與線，並在縫法上運用一些技巧，打造精美成果。底下整理出不同素材的車縫重點，請務必參考。

帆布／丹寧布等

堅固的帆布與丹寧很適合用來製作包包。市售帆布的厚度在1至11之間，編號越小布越厚。丹寧大約是8至14盎司，數字越大布越厚。家用縫紉機能縫的厚度有限制，請注意。即使是薄布，多疊幾層還是會變厚，需設法減少車縫部分的厚度。

必備用品

厚布用
30號車線

強力夾
難以用珠針固定的厚布
可改用強力夾。

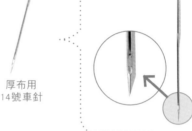

厚布用
14號車針

如果是更厚的布，
建議使用專用車針

布片多層堆疊時，
改用針尖更細容易
穿刺的專用車針
（相當於16號）。

用木槌輕敲減少厚度

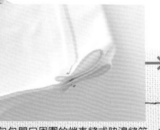
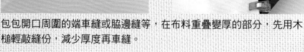

包包開口周圍的端車縫或脇邊縫等，在布料重疊變厚的部分，先用木槌輕敲縫份，減少厚度再車縫。

建議針趾長
3.5至4.0mm

直布紋與橫布紋的針趾美觀度有差

布耳

橫布紋

直布紋

針趾有一點歪斜

帆布的織目扎實，車縫時通常會避開織目落針。以直布紋（與布耳平行的方向）車縫，針趾會比較整齊（圖片右側）。

使用工具輕鬆將縫份倒向兩側

要用手將厚布的縫份倒向兩側其實滿吃力的。利用骨筆或滾輪骨筆（➡p.34），手就不會痛，很方便。

車縫高低差的訣竅　當厚布重疊產生高低差，會導致壓布腳過於傾斜而難以前進車縫。
此時請試試兩種讓壓布腳保持水平的作法。

●夾布或夾紙的作法

上坡

1

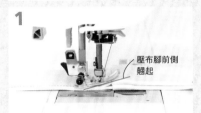

壓布腳前側
翹起

由低處往高處爬坡，壓布腳前側翹起。

2

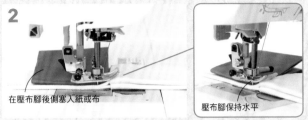

在壓布腳後側塞入紙或布

壓布腳保持水平

在要開始爬坡前，將摺疊的紙或布塞入壓布腳後側，填補高低差。
壓布腳盡可能保持水平的車縫。

下坡

3

在壓布腳前側
塞入紙或布

若是由高處往低處，在要開始下坡前，將摺疊的紙或布塞入壓布腳前
側（避開縫線），填補高低差前進車縫。

4

上坡　　下坡

順暢車縫，不會跳針或原地打結。

●按下按鈕使壓布腳保持水平的方法

1

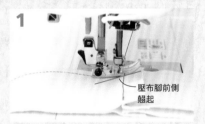

壓布腳前側
翹起

由低處往高處爬升，壓布腳前側翹起。

2

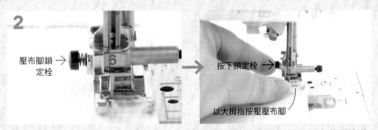

壓布腳鎖
定栓

按下鎖定栓 →

以大拇指按壓壓布腳

在爬坡前抬高壓布腳，先以大拇指按前側以保持水平，再按下壓布腳旁的鎖定栓
（黑色），放下壓布腳。

3

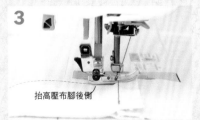

抬高壓布腳後側

手離開鎖定栓，壓布腳就會保持水平，可
以前進車縫，壓布腳再回到原位。

4

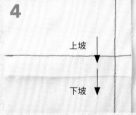

上坡

下坡

下坡也是先用手抬高壓布腳，保持水平再
按下鎖定栓，比照**3**車縫。

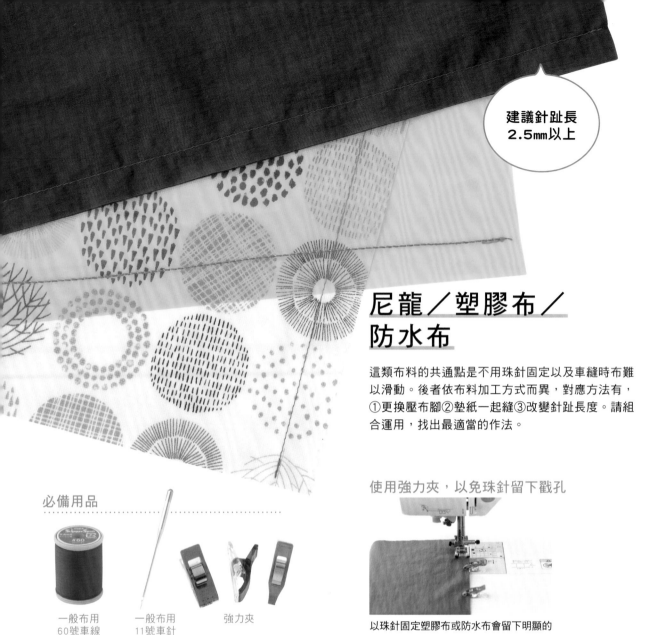

建議針趾長
2.5mm以上

尼龍／塑膠布／
防水布

這類布料的共通點是不用珠針固定以及車縫時布難以滑動。後者依布料加工方式而異，對應方法有，①更換壓布腳②墊紙一起縫③改變針趾長度。請組合運用，找出最適當的作法。

必備用品

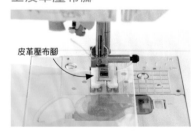

一般布用
60號車線　　一般布用
11號車針　　強力夾

使用強力夾，以免珠針留下戳孔

以珠針固定塑膠布或防水布會留下明顯的針戳細孔，建議改用強力夾。

布難以滑動前進可換上皮革壓布腳

皮革壓布腳

皮革壓布腳（➡p.30）的摩擦力小於金屬壓布腳，不易沾黏布料，非常適合這類難以推送的素材。此外，稍微增加針趾長度，送布齒動作大，布較能順利前進。

當布黏在針板無法前進

將描圖紙鋪在布的下方一起縫

在布的下方鋪放描圖紙等薄紙一起車縫，可減少與縫紉機本體的摩擦力，順利前進。也可將紙鋪在布上，取代皮革壓布腳（移除描圖紙的方法➡p.42）。

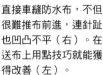

OK　NG

直接車縫防水布，不但很難推布前進，連針趾也凹凸不平（右）。在送布上用點技巧就能獲得改善（左）。

環保皮草／羊羔絨等

以合成纖維製作的環保皮草及羊羔絨，色彩繽紛加上絨絨的長毛，交織出豐富表情。乍看難處理，其實背面是編織布（基布），使用基本壓布腳及一般布料用車針就能順利車縫。如果要作成有伸縮性，可改用針織專用線。這類素材為合成纖維，嚴禁熨燙。

必備用品

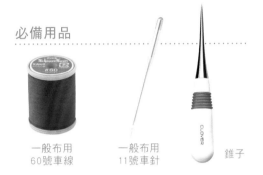

一般布用
60號車線

一般布用
11號車針

錐子

只裁基布的部分

（背面）

翻到背面，以剪刀的刀尖僅裁剪基布，這樣就能保留邊緣的絨毛。

絨毛內收以珠針固定

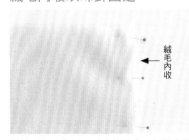

絨毛內收

將絨毛收入內側，以珠針固定。如果太厚就改用強力夾固定。

以錐子協助送布

有厚度，容易位移，除增加針趾長度（3.0mm以上），並以錐子輔助送布，慢慢車縫。

從正面挑出絨毛

車縫完畢，以錐子從正面挑出收在內側的絨毛。

建議針趾長
3.0mm以上

針織布／羊毛布等

一般布用的針與線也適用這兩種布。當布片重疊變厚再替換成厚布用車針即可。以針織布作衣服，可挑選不易綻裂的針織專用線。車針也建議使用圓針頭的針織專用針，比較不傷布料。

必備用品

一般布用
60號車線

一般用用
11號車針

＼有的話更方便！／
針織專用針＆線

剪牙口代替珠針

切口

容易延展的布料，不適合用珠針固定。可在要縫合的布片縫份剪牙口，取代珠針。

滑順送布的「滾輪壓布腳」

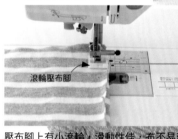
滾輪壓布腳

壓布腳上有小滾輪，滑動性佳，布不易延展。很適合伸縮性布料使用。

摺疊牙口部分握在手上防延展

手握切口部分 →

為避免伸縮性布料下垂產生延展，車縫時先將牙口部分摺疊用右手握住，等縫到握住的牙口，再將與下個牙口之間的布攤平車縫。

建議針趾長
2.5mm

車縫前的布邊處理

容易綻線的布邊，裁剪後立即進行布邊縫（➡p.26）等處理，以利後續作業。

也可使用「伸縮縫」

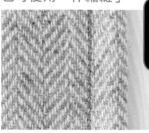

這個！

選擇花樣中的「伸縮縫」，搭配一般車線在布上車出可伸展的針趾（有的機種並無「伸縮縫」花樣）。

歐根紗／沙典布等

車縫柔軟薄布，針趾及縫線起皺會變得很明顯，需選用薄布用的針與線。此外，家用縫紉機的落針孔是橫長形，當車針落下，薄布可能會陷進孔洞內，對策之一是改用「直線針板」。

必備用品

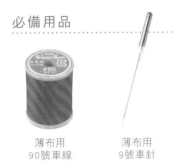

薄布用
90號車線

薄布用
9號車針

建議針趾長
2.5mm

車針位置變更為左基線

左基線

若維持中基線（➡p.16），當針落下，布容易從車針兩側陷進針板孔。設定左基線可減少此狀況。

薄布的回針縫要訣

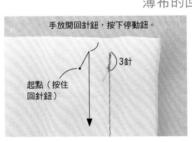

手放開回針鈕，按下停動鈕。

3針

起點（按住回針鈕）

通常回針縫是從布端開始，但薄布的布端容易向內捲，所以大約在布端向前3針的位置落針，開始回針縫，同時將3層的回針減成2層。不緊靠布端車縫也是重點。

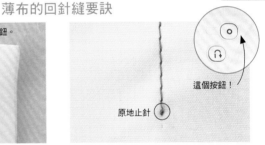

這個按鈕！

原地止針

「原地止針」是在同一位置車縫3至5針後停下的功能（依機種而異）。功能與回針縫相同，應用在薄布上針趾比較不明顯。

直線針板與直線壓布腳是車縫薄布利器

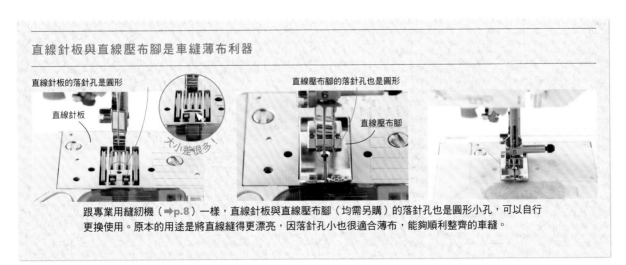

直線針板的落針孔是圓形

直線針板

大小差很多！

直線壓布腳的落針孔也是圓形

直線壓布腳

跟專業用縫紉機（➡p.8）一樣，直線針板與直線壓布腳（均需另購）的落針孔也是圓形小孔，可以自行更換使用。原本的用途是將直線縫得更漂亮，因落針孔小也很適合薄布，能夠順利整齊的車縫。

合成皮

擁有真皮般的質感，色彩豐富。大部分皆可比照一般布料車縫，如果滑順度不佳，應對方法有改用皮革壓布腳（➡p.30）或滾輪壓布腳（➡p.40）、拉長針趾，或是鋪放描圖紙一起車縫等。

必備用品

厚布用
30號車線

強力夾

厚布用
14號車針

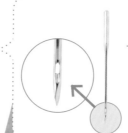

推薦皮革專用車針

刀尖般的鋒利針頭，能刺穿皮革等素材。

滑順度差，疊上描圖紙一起縫

描圖紙疊在合成皮上車縫

沿著針趾摺疊描圖紙裂開

**建議針趾長
3.5mm**

從合成皮正面車縫，如果彷彿黏在壓布腳上難以滑動，可在合成皮上面放描圖紙一起車縫。要移除描圖紙，先沿著針趾摺疊，裂開後再從左右側撕下。注意，若用力拉扯紙張會導致針趾鬆脫浮起。

背面相對車縫時，以描圖紙上下包夾

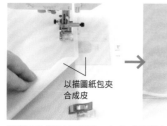

以描圖紙包夾合成皮

**建議針趾長
3.0至3.5mm**

若背面也難以往前推，在合成皮下方也鋪上描圖紙，上下包夾車縫。

真皮

真皮的厚度與質感可謂千差萬別，不僅有專用的針與線，多半縫紉機本身也必須強而有力。適合專業用縫紉機。

真皮最好使用專業用縫紉機

P.8的「Nouvelle 470」

有的專業用縫紉機換上皮革專用針也能車縫真皮。稍微拉長針趾，不只送布順暢，看起來也很有氣氛。

抽縐・尖褶・釦眼的縫法

詳細解說常在衣服及小物中登場的抽縐與尖褶作法，
以及一定要學會用縫紉機開釦眼。

抽縐

抽縐是皺縮布料製作細褶的技巧。可以手縫抽縐，但
機縫不僅針趾均勻，需要長距離抽縐時也能簡單完

成。除了粗針目縮縫再拉線抽褶，另一個方法是換上
皺褶壓布腳。

1 拉出下線進行粗針目車縫

1

將捲好線的梭子裝入梭床，拉出線頭
且留長一點。依平常作法穿上線（➡
p.15）。

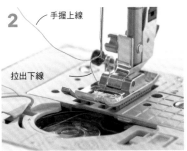

2 手握上線　拉出下線

手握上線，以「針位上下鈕」或是往身體
側旋轉手輪，讓車針上下移動。抬高車針
時，將成為輪狀的下線從針板中拉出。

3 從壓布腳下方往後側拉出下線

將上線與拉出的下線對齊，從壓布腳下方
往後側拉長約10cm。蓋回梭蓋。

起點不回針

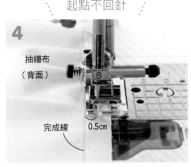

4 抽縐布（背面）　完成線　0.5cm

在要抽縐的布端畫完成線（範例是距離
布端1cm）及合印。在距離完成線左右各
0.5cm處，以粗針目從一端縫至另一端，
縫兩道。粗針目是加強上線張力，針趾長
約5.0mm。起點與終點都不需回針。

線頭留長一點

5 線頭留長一點　合印　線頭留長一點

抽縐布（背面）

以兩條粗針目縫線包夾完成線，抽出的
皺褶會更穩定美觀。最後的線頭也留長
一點。

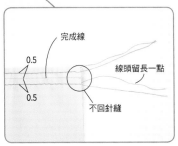

完成線　0.5　0.5　線頭留長一點　不回針縫

2 抽縐並接縫至本體

對齊合印均勻調整皺褶

1

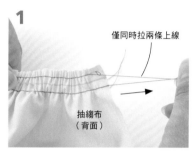

僅同時拉兩條上線

抽縐布
（背面）

由左右同時抽拉兩條上線，形成皺褶。已
經加強上線張力，線拉起來容易多了。

2

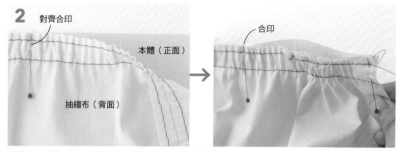

對齊合印

本體（正面）

抽縐布（背面）

合印

對齊本體與抽縐布的合印，正面相疊以珠針固定。
配合本體長度均勻分布皺褶。

以熨斗按壓

布端打結

3

縱向拉抽縐布，確認皺褶均勻分布且能與
本體疊合。

4

抽縐布
（背面）

熨燙完成線上的皺褶部分，之後車縫完成
線就會比較容易。

5

抽縐布
（背面）

將粗針目的線頭打結，使布端也能確實形
成皺褶。

6

立起皺褶車縫

車縫完成線。用左手將皺褶立起盡量不讓
皺褶倒下，一邊送布。時而抬起壓布腳整
理被壓倒的皺褶。

7

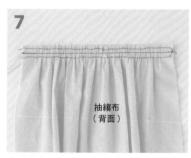

抽縐布
（背面）

完成線車縫完畢。

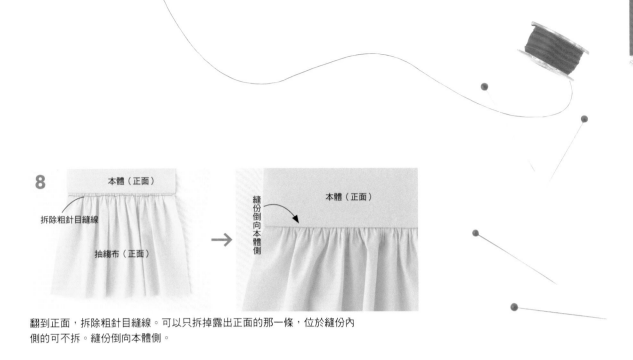

8

本體（正面）

拆除粗針目縫線

抽縐布（正面）

→

縫份倒向本體側

本體（正面）

翻到正面，拆除粗針目縫線。可以只拆掉露出正面的那一條，位於縫份內
側的可不拆。縫份倒向本體側。

Arrange ● 縮褶繡風格裝飾

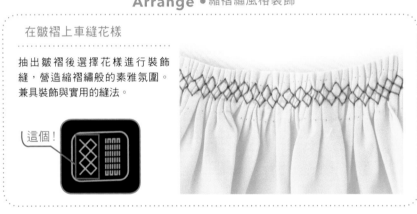

在皺褶上車縫花樣

抽出皺褶後選擇花樣進行裝飾
縫，營造縮褶繡般的素雅氛圍。
兼具裝飾與實用的縫法。

這個！

利用「皺褶壓布腳」可同時抽縐與接縫至本體

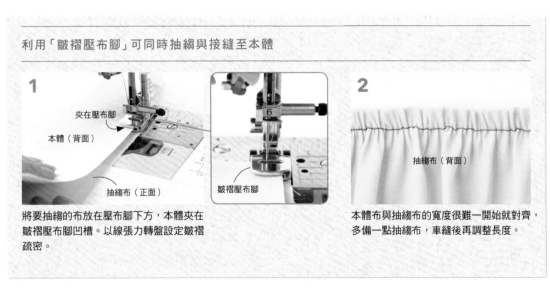

1

夾在壓布腳

本體（背面）

抽縐布（正面）

皺褶壓布腳

將要抽縐的布放在壓布腳下方，本體夾在
皺褶壓布腳凹槽。以線張力轉盤設定皺褶
疏密。

2

抽縐布（背面）

本體布與抽縐布的寬度很難一開始就對齊，
多備一點抽縐布，車縫後再調整長度。

尖褶

抓取一小部分布縫出立體感的技巧。尖褶尖端在縫到前一針就停止且不回針縫，這是自然呈現蓬度的訣門。

從布端起縫

1

（背面）

畫尖褶記號

在布的背面畫尖褶記號。

2

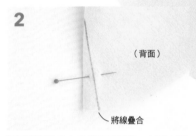

（背面）

將線疊合

正面相對的疊合尖褶兩側線條，以珠針固定。

3

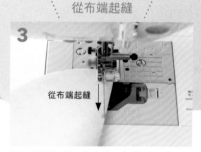

從布端起縫

從布端朝尖褶尖端車縫。起點不回針。

4

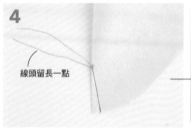

線頭留長一點

不縫到盡頭

在距離尖端1針處止縫，不需回針。線頭留長一點後剪斷。

在距離尖端1針處止縫不回針

5

（背面）

將4中留下的線頭打結兩次。

維持蓬度的整燙

6

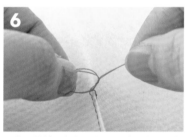

再將兩條線一起打單結，加強固定，取代回針。

7

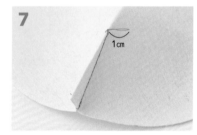

1cm

留下約1cm線頭，其餘剪掉。完成。

8

毛巾或布捲成圓筒墊在下面整燙，以維持蓬度。

裡布也有尖褶時

當表布與裡布都有尖褶，為分散厚度，最好錯開縫份倒向。

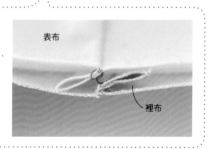

表布

裡布

46

開釦眼

縫紉機可以又快又漂亮的開釦眼。只需按下開始鍵就會自動作業，實在太簡單了。由於開釦眼是由前往後車縫，需留意布上的起縫位置。

1

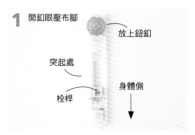

開釦眼壓布腳
放上鈕釦
突起處
身體側
栓桿

夾緊。

2

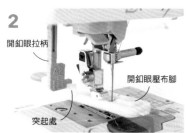

開釦眼拉柄
開釦眼壓布腳
突起處

將開釦眼壓布腳的栓桿與縫紉機壓布腳腳脛嵌合，接著放下縫紉機的「開釦眼拉柄」，抵住壓布腳突起處的後側。

3

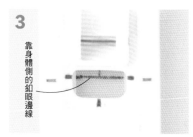

靠身體側的釦眼邊線

將壓布腳上的三個紅點，對齊布上釦眼位置的靠身體側，接著放下壓布腳。

※圖中拆下開釦眼壓布腳讓讀者看得更清楚。

4

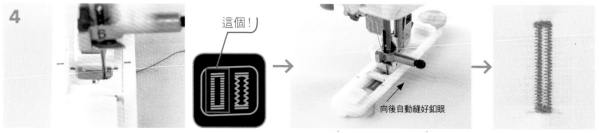

這個！ → 向後自動縫好釦眼 →

向後車縫釦眼

選擇釦眼的花樣，按下停動鈕就會自動向後車縫。縫畢剪斷線，將開釦眼拉柄歸回原位。

以珠針擋住免得剪過頭

5

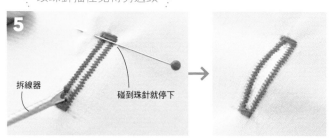

拆線器
碰到珠針就停下

使用拆線器（➡p.34）剪開內側。先在釦眼另一端的內側插上珠針，預防不小心剪過頭。

6

完成。在薄布開釦眼時可先在布的背面貼上接著襯。為確認花樣的長度與寬度，務必在相同條件的碎布上試縫。

有造型的鈕釦也OK！

將造型鈕釦最寬的部分夾在卡槽上。如果有厚度，就依鈕釦寬度與厚度相加的數字拉開卡槽。

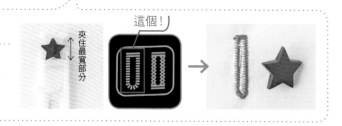

夾住最寬部分

這個！

縫拉鍊

在機縫作業中,好像有不少人都害怕縫拉鍊。
首先請記住使用單邊壓布腳縫拉鍊的基本作法,
接著從製作基本款波奇包中熟悉將拉鍊接縫於表布及裡布的方法。

拉鍊的各部位名稱

先來認識拉鍊各部位名稱。所謂拉鍊尺寸並不是指布帶全長,而是從上止外側到下止外側的長度。

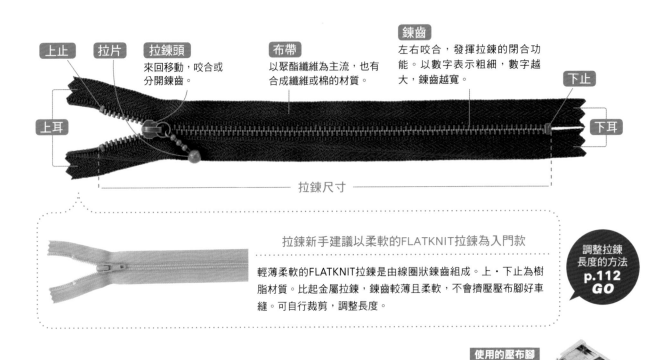

上止　拉片　拉鍊頭
來回移動,咬合或分開鍊齒。

布帶
以聚酯纖維為主流,也有合成纖維或棉的材質。

鍊齒
左右咬合,發揮拉鍊的閉合功能。以數字表示粗細,數字越大,鍊齒越寬。

上耳

下止

下耳

── 拉鍊尺寸 ──

拉鍊新手建議以柔軟的FLATKNIT拉鍊為入門款

輕薄柔軟的FLATKNIT拉鍊是由線圈狀鍊齒組成。上・下止為樹脂材質。比起金屬拉鍊,鍊齒較薄且柔軟,不會擠壓壓布腳好車縫。可自行裁剪,調整長度。

調整拉鍊
長度的方法
p.112
GO

使用的壓布腳
單邊壓布腳

拉鍊的基本接縫方式

使用單邊壓布腳來縫拉鍊。與基本壓布腳（萬用壓布腳）相比,能清楚看到布端,想要沿拉鍊邊緣車縫時經常會用到。範例是對齊布端與拉鍊布帶邊緣車縫,也有先在拉鍊畫完成線再與布對齊的作法（➡p.51）。

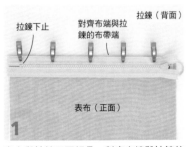

拉鍊下止　對齊布端與拉鍊的布帶端

拉鍊（背面）

表布（正面）

1

表布與拉鍊正面相疊,對齊布端與拉鍊的布帶端,以強力夾或珠針固定。

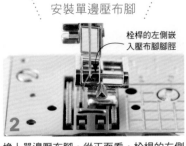

安裝單邊壓布腳

栓桿的左側嵌入壓布腳腳脛

2

換上單邊壓布腳,從正面看,栓桿的左側嵌入壓布腳腳脛。

從下止側縫起

鍊齒靠齊壓布腳左端

3

拉上拉鍊,從下止側開始縫會比較穩定。單邊壓布腳若是跨及鍊齒會很難作業,所以將拉鍊鍊齒靠齊壓布腳左端,然後落針。

要更接近鍊齒邊車縫就使用「拉鍊壓布腳」
p.30
GO

要訣在鍊齒靠齊壓布腳

4

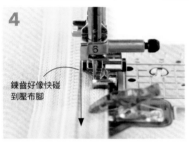

鍊齒好像快碰到壓布腳

起點先回針再前進車縫。壓布腳側邊好像一直快碰到鍊齒的筆直車縫。

縫到一半時移動拉鍊頭

5

拉鍊頭移到壓布腳後面

縫到約一半時，維持落針狀態，抬高壓布腳，將拉鍊頭移到壓布腳後面。如果不想中途停下，最後再移動拉鍊頭也OK（太靠近終點的話會變得不好移動，請注意）。

6

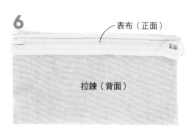

表布（正面）

拉鍊（背面）

放下壓布腳，繼續縫到終點，回針後結束。

基本壓布腳也能縫拉鍊

壓布腳也能縫拉鍊，只是針趾會離鍊齒稍遠。車針設在左基線，注意壓布腳不要跨到鍊齒上。

基本壓布腳

7

另一側表布（正面）　　拉鍊（背面）

6的針趾

表布（背面）

在6中縫好一側的拉鍊，接著將另一側拉鍊的布帶端與另一片表布的布端正面相疊，以強力夾固定。

8

拉鍊頭在開始縫之前先移往身體側，等稍微向前縫再移回壓布腳後面。

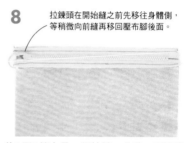

依3至6縫上另一側拉鍊。此時，可直接從上止側開始縫，也可將單邊壓布腳的栓桿右側嵌入腳脛，從下止側開始縫。

9

拉鍊（正面）

表布（正面）　　表布（正面）

熨燙褶線

從正面熨燙褶線。此時可藉由改變褶線位置調整拉鍊露出的樣子（➡p.90）。

也用單邊壓布腳壓線

10

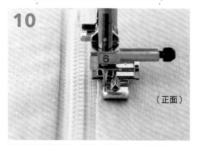

（正面）

直接用單邊壓布腳在褶線向內0.2至0.3cm處壓線。

11

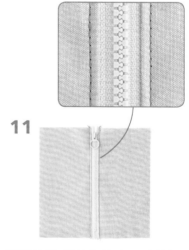

單邊壓布腳可清楚看到布端，縫出整齊好看的針趾。

基本款拉鍊波奇包作法

透過縫製波奇包的過程，解說拉鍊夾至表布與裡布車縫的方法。而事先收摺拉鍊頭尾端，成品更美觀。

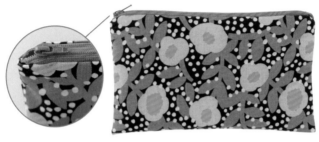

有收摺拉鍊頭尾端，完成後邊角略微傾斜。

將拉鍊的針趾隱藏起來，就算縫得有點歪也不用在意，是很適合新手的作法。沒有從正面壓線，開口周圍帶有蓬鬆感。

完成尺寸：約高12×寬21cm

使用的壓布腳

基本壓布腳
（萬用壓布腳）

單邊
壓布腳

材料
表布25×30cm、裡布25×30cm、接著襯25×30cm、20cm拉鍊1條

☆加上1cm縫份
※在表布背面燙貼接著襯

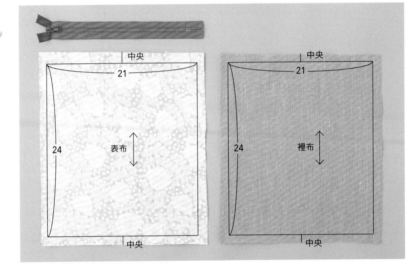

收摺拉鍊端

事先將拉鍊頭尾端往背面摺成三角形，再用手縫、車縫或白膠等方式固定。

（車縫）

盡量靠外側車縫固定。

（手縫）

盡量靠外側手縫固定。

（白膠）

1 在上耳與下耳塗上三角狀白膠。

2 摺疊上耳與下耳，以強力夾固定直到白膠乾燥。

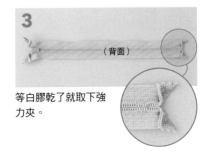

3 等白膠乾了就取下強力夾。

1 縫拉鍊前的準備

1

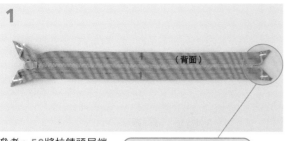

（背面）

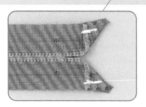

參考**p.50**將拉鍊頭尾端摺成三角形。

2

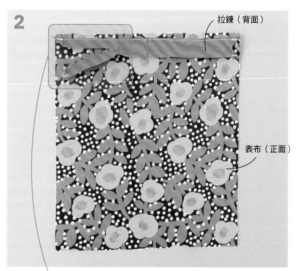

完成線　中央　拉鍊（背面）

1.2

在拉鍊背面畫完成線。完成線是從鍊齒的中央開始測量。若不易畫直線，可每隔2至3cm加上點狀記號。再於拉鍊左右側的中央加上合印記號。

2 接縫拉鍊

1

拉鍊（背面）

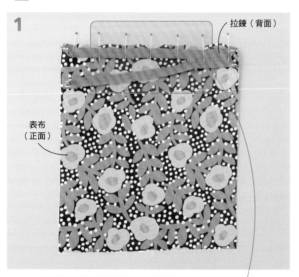

表布（正面）

先以珠針固定中央合印

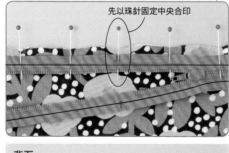

背面

中央

口側

表布（背面）

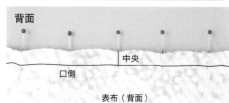

表布與拉鍊正面相疊，先對齊中央合印，再依兩端、兩端與中央之間的順序以珠針固定。

2

拉鍊（背面）

表布（正面）

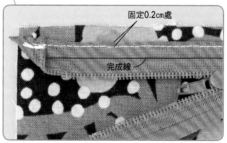

固定0.2cm處

完成線

使用基本壓布腳，車縫拉鍊完成線的外側（布帶端向內0.2cm處），暫時固定。

3

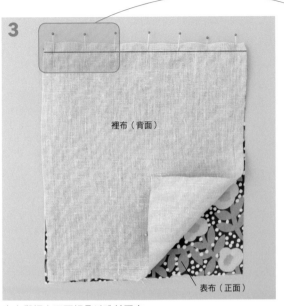

拉開拉鍊　　　　中央

先固定中央的合印

裡布（背面）

表布（正面）

表布與裡布正面相疊以珠針固定。

拉鍊頭卡在
壓布腳而難以移動時

將本體反時針旋轉90°，在
車針跟前移動拉鍊頭。

4

裡布（背面）

換上單邊壓布腳，從正面看，栓桿的左側
嵌入壓布腳腳脛。車針設定在中基線。在
布端落針，先回針再車縫完成線。

5

裡布（背面）　　拉鍊頭

裡布（正面）

表布（正面）

當快接近拉鍊頭時，車針維持落下狀態，抬起壓布腳，掀開裡布，
手握拉片，將拉鍊頭移到壓布腳後面。

6

拉鍊頭

裡布（背面）

放下壓布腳繼續車縫直到另一端，也是先
回針再結束。

拉鍊頭

裡布（背面）

7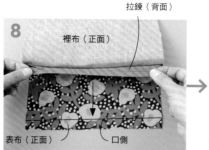

展開裡布，以中溫整燙表布口側。確實壓
出褶線，完成後才會好看。

8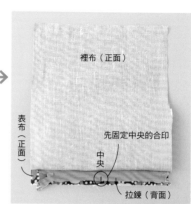

拉鍊另一側與另一片表布口側正面相疊。
對齊中央的合印後，以珠針將整個固定
住。

9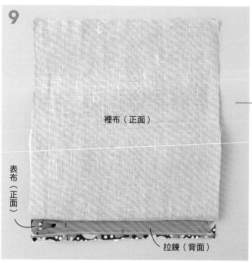

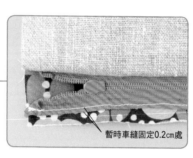

依p.51的2-2車縫拉鍊完成線外側（布帶
端向內0.2cm處），暫時固定。若直接以
單邊壓布腳車縫也OK。

10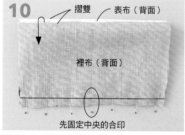

裡布正面相對對摺，表布也正面相對對
摺，以珠針固定。

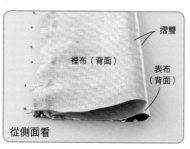

從側面看

11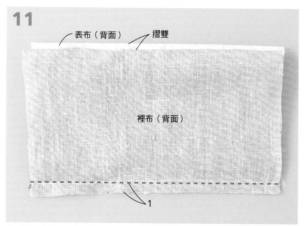

依4至6作法，縫到約一半時移動拉鍊頭，車縫完成線。

3 車縫兩脇邊

1

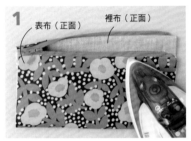

表布（正面）　裡布（正面）

翻到正面，以中溫整燙表布口側，壓出褶線。

2

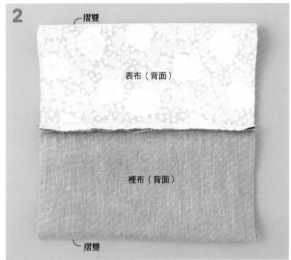

摺雙

表布（背面）

裡布（背面）

摺雙

再翻到背面，這次是表布與裡布各自正面相疊。此時將拉鍊拉開。

3

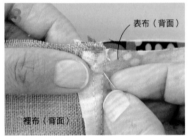

表布（背面）

裡布（背面）

中央的縫份倒向裡布側，在表布與拉鍊的針趾邊刺入珠針。

4

表布（背面）

裡布（背面）

確認珠針緊臨裡布的褶線穿過，再從另一側的針趾邊出針。若有厚度，可斜向以珠針固定。

斜插也OK

表布（背面）

裡布（背面）

5

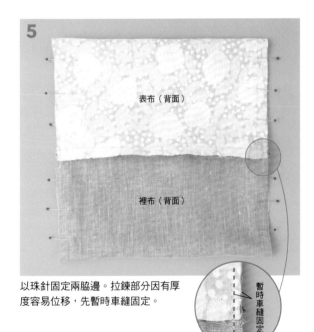

表布（背面）

裡布（背面）

暫時車縫固定

以珠針固定兩脇邊。拉鍊部分因有厚度容易位移，先暫時車縫固定。

6

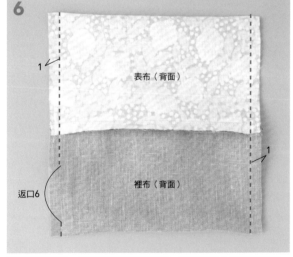

1

表布（背面）

1

裡布（背面）

返口6

裡布預留返口，續縫兩脇邊的完成線。在這裡換上基本壓布腳。

54

7

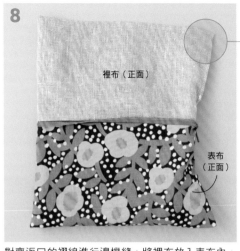

表布（背面）

裡布（背面）

從返口翻到正面。參考底下「漂亮翻底角的方法」，翻出兩個底角。

邊機縫
p.25
GO

8

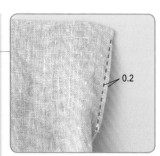

裡布（正面）

表布（正面）

0.2

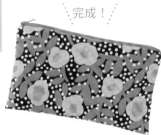

完成！

對齊返口的褶線進行邊機縫。將裡布放入表布內，整理形狀。

參考
p.113
縫出漂亮邊角的要訣

漂亮翻底角的方法

1

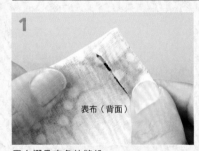

表布（背面）

用力摺疊底角的縫份。

2

手指伸進裡面，抓住底角。

3

表布（正面）

裡布（背面）

快速從返口翻出。

4

表布（正面）

以錐子挑出尖角，稍作整理就很美觀了。

滾邊

滾邊常用於裝飾作品或處理布邊。先學習基本的滾邊作法，
再進一步掌握弧線滾邊、有厚度縫份滾邊及畫框式包邊的技巧。

滾邊斜布條的種類

滾邊基本上是使用斜裁的布條。所謂斜裁是指與布紋成
45°角。因為容易延展，即使是弧線等也能整齊出色的

進行滾邊。市售滾邊斜布條不論種寬度或圖案都很多
樣。

兩摺斜布條

布條兩側摺往中央接合的款式。從包包與
小物的縫份處理，到衣服的貼邊處理都能
派上用場，十分方便。

四摺斜布條

兩摺款再對摺的滾邊用斜布條。也可包夾
本體布端再壓線一次就完成滾邊。

手作斜布條

配合作品的圖案色彩自製斜布條。手作可
避免浪費，只裁製所需長度。作法參考
p.62。

基本的滾邊作法

記住以四摺斜布條筆直的整齊滾邊要領。

使用的壓布腳
基本壓布腳
（萬用壓布腳）

1

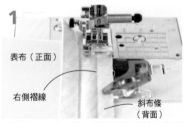

表布（正面）
右側摺線
斜布條（背面）

展開斜布條的一側，展開側的邊端對齊表
布的布端正面相疊。在斜布條右側的摺線
上落針。

2

回針縫
表布（正面）

車縫
表布（正面）

放下壓布腳，在摺線上筆直車縫。起點與
終點都需回針。

3

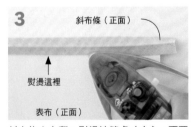

斜布條（正面）
熨燙這裡
表布（正面）

斜布條向上翻，熨燙接縫處（小心，不要
燙平其他摺線）。

包捲表布並遮住針趾

4

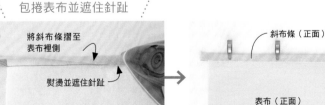

將斜布條摺至
表布裡側
熨燙並遮住針趾
表布（背面）

斜布條（正面）
表布（正面）

將斜布條沿著摺線摺至表布裡側。熨燙時稍微拉一下布條遮住**2**的針趾，
再以強力夾或珠針固定。

5

看著正面車縫

表布（正面）

從表側壓線

翻摺到裡側的斜布條確實遮住針趾

背面

表布（背面）

重點在從表側車縫

從表側在褶線壓線。因為在**4**中已將針趾遮住，所以壓線時會確實包住裡側的斜布條，不會偏離。從正面壓線，針趾看起來會很整齊。

選擇花樣滾邊也很不錯

還有一種作法是在**1**中將斜布條對齊表布裡側車縫，翻到正面後再以挑選的花樣壓線。因為是從布料正面車縫，優點在可以一邊移動斜布條遮住針趾一邊車縫。

斜布條（正面）　表布（正面）

Z字縫

這個！

放大擺幅，車針落在本體的車縫花樣，增添休閒感。以車線顏色做點綴也很可愛。

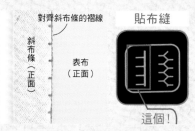

對齊斜布條的褶線

斜布條（正面）　表布（正面）

貼布縫

這個！

將縱向線條對齊褶線車縫，作法很像落機縫。當滾邊部分有厚度，看不到縱向線條時就變得像立針縫。

斜布條端的處理

1

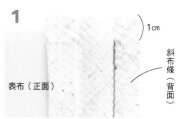

1cm

斜布條（背面）

表布（正面）

參考基本的滾邊作法，在表布接縫斜布條。斜布條要比表布長1cm。

2

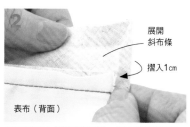

展開斜布條

摺入1cm

表布（背面）

斜布條向上翻進行熨燙。表布翻到背面，展開斜布條，將多出的1cm摺入內側。

3

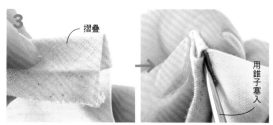

摺疊

用錐子塞入

再摺一次斜布條，將**2**中摺入內側的部分塞入斜布條端。用錐子會方便操作。

4

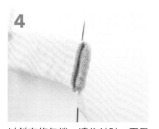

以斜布條包捲，遮住針趾，再用強力夾或珠針固定。

5

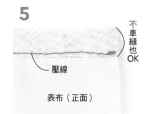

不車縫也OK

壓線

表布（正面）

從正面壓線。多出的1cm若有確實塞入**3**中的斜布條端，壓線後就不會鬆脫掉出。

弧線滾邊

伸縮性斜布條非常適合用在弧線滾邊上。重點是不讓斜布條延展，順著弧線以珠針密集固定。

（圍兜兜）

想盡量減少縫份造成的不適感，建議加上滾邊，並延長斜布條當成頸部綁繩。

完成尺寸：約高22×寬23cm
作法 p.116　附原寸紙型

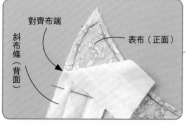

對齊布端
斜布條（背面）
表布（正面）

背面
0.5
裡布（正面）

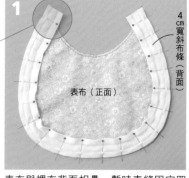

1

4cm寬斜布條（背面）

表布（正面）

表布與裡布背面相疊，暫時車縫固定四周。注意別讓斜布條延展的疊上，並以珠針固定。接縫起點與止點都比本體多出0.5cm，其餘剪掉。

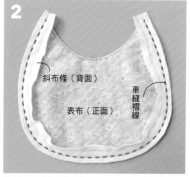

2

斜布條（背面）
車縫褶線
表布（正面）

車縫斜布條的褶線。車到弧線部分，適時壓布腳重新整布，慢慢車縫。

車縫弧線
**p.24
GO**

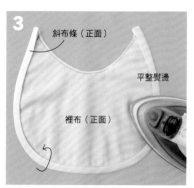

3

斜布條（正面）
平整熨燙
裡布（正面）

布條向上翻，熨燙針趾。沿著褶線將斜布條摺到裡布側，包捲縫份，遮住針趾。弧線部分以熨斗順著弧度平整熨燙。

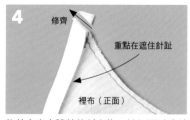

4

修齊
重點在遮住針趾
裡布（正面）

修剪突出本體外的斜布條，並如下以珠針固定。

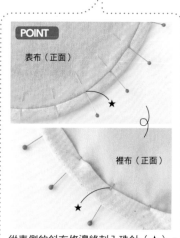

POINT

表布（正面）

裡布（正面）

從表側的斜布條邊緣刺入珠針（★）。從裡側出針時，斜布條需遮住針趾。

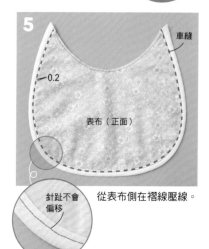

5

車縫
0.2
表布（正面）

針趾不會偏移

從表布側在褶線壓線。

背面

表布（正面）
沿著斜布條邊緣車縫也OK

即使不是在斜布條上而是沿著邊緣壓線，裡側也不會漏針沒縫到。車線顏色最好與表布一致。

縫份滾邊

不加裡布製作的小物必須處理縫份。而當縫份變厚，滾邊正可發揮作用。
車縫後將縫份修窄一點，包捲起來更漂亮。

(**鋪棉收納籃**)

無裡布，使用一片壓棉布縫製的小
收納籃。縫份的滾邊顏色與口側滾
邊相同，成為亮點。

完成尺寸：底部直徑約13×高12cm
作法 p.117
附原寸紙型

1

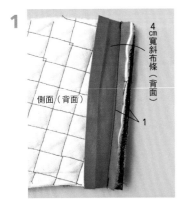

4cm寬斜布條（背面）

側面（背面）

1

準備側面與底部用的壓棉布。將側面正面
相向對摺，參考**p.56**將斜布條的摺線與
側面完成線重疊，一起車縫斜布條與側
面。

2

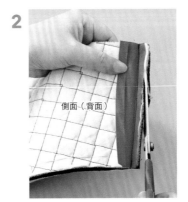

側面（背面）

考量厚度，將縫份與斜布條修齊為0.8cm
左右。

3

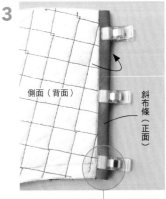

側面（背面）

斜布條（正面）

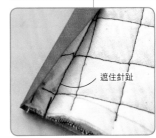

遮住針趾

斜布條向上翻摺包捲縫份並遮住針趾，再
以強力夾固定。

4

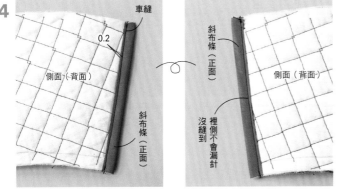

車縫

0.2

側面（背面）

斜布條（正面）

斜布條（正面）

側面（背面）

裡側不會漏針

沒縫到

在摺線壓線，因為**3**中已確實遮住針趾，裡側不會漏針沒縫到。

畫框式包邊

畫框式是布角包邊的常見技法。宛如畫框在布角形成45°褶線及直角，
十分好看。轉角縫法及翻至背面都有竅門，一起學起來吧！

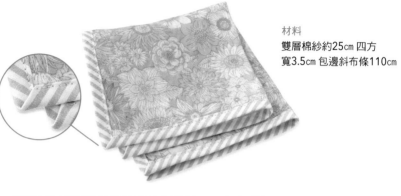

(手帕)

將雙層棉紗裁成四方形，四周包邊，作出
一條吸水性良好的手帕。畫框式包邊推升
了整體質感。

完成尺寸：約25cm四方

材料
雙層棉紗約25cm 四方
寬3.5cm 包邊斜布條110cm

車縫至記號
再將車針抬高

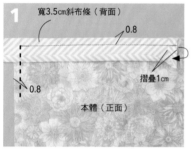

1 寬3.5cm斜布條（背面）
0.8
0.8
摺疊1cm
本體（正面）

展開斜布條的一側，
對齊本體的布端，正
面相疊車縫。將接縫
起點摺疊1cm。轉角
縫至記號先暫停。

POINT
車縫至記號
（正面）

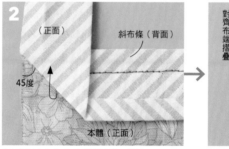

2 （正面）　斜布條（背面）
45度
本體（正面）

對齊布端摺疊　★
斜布條（背面）
本體（正面）

如圖將斜布條向上翻摺45°，對齊★布端再反摺向下，
對齊本體的下一個邊。

3 斜布條（背面）
0.8
本體（正面）
0.8

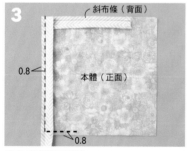

從布端車縫至記號。

POINT
從布端縫起
（正面）

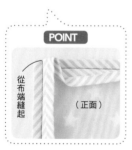

4 1.5
斜布條（背面）
本體（正面）
0.8
0.8

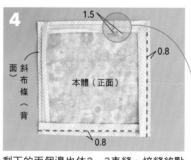

剩下的兩個邊也依**2・3**車縫。接縫終點
的斜布條約與起點重疊1.5cm。

重疊1.5cm，
其餘剪掉。

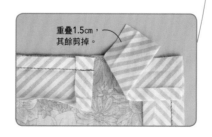

5 0.8
本體（正面）
斜布條（背面）

從布端布端車縫到斜布條接縫終點。

6

布端與斜布條
褶線高度一致

本體（正面）

45°褶線

斜布條
（正面）

本體（正面）

將斜布條翻回正面。轉角部分如圖，使本體布端與斜布條褶線高度一致，
以拇指壓住翻回正面。轉角出現45°褶線。

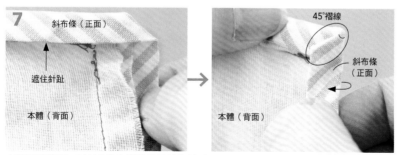

7

斜布條（正面）

遮住針趾

本體（背面）

45°褶線

斜布條
（正面）

本體（背面）

本體翻到背面，以斜布條包捲縫份並遮住針趾。
背面褶線也呈45°，宛如畫框的邊角。

珠針固定方式

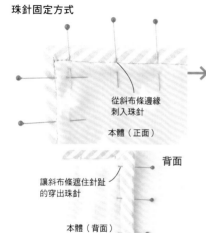

從斜布條邊緣
刺入珠針

本體（正面）

背面

讓斜布條遮住針趾
的穿出珠針

本體（背面）

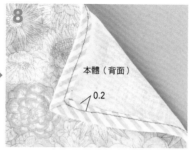

8

本體（背面）

0.2

以珠針或強力夾暫時固定，從正面在褶線
壓線。因為將斜布條反摺時已遮住之前的
針趾，不必擔心壓線時裡側的斜布條會沒
包到。

完成！

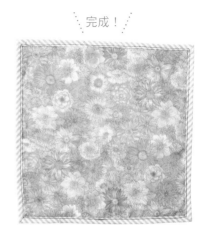

自製斜布條

挑選喜愛的顏色、圖案，或是使用與本體相同的布料自製斜布條。先將布片斜向裁成條狀，再依所需長度接縫。但接縫點太多會影響美觀，最好是準備寬50㎝以上的四方形布片。

*以製作3.5cm寬斜布條為例

1 斜向裁布

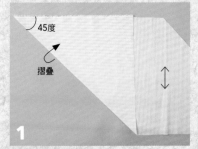

1 整理布紋，摺成45°，加上褶線。

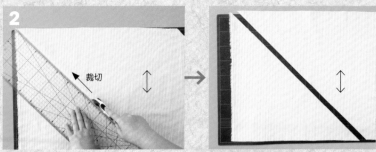

2 展開布片，沿著褶線裁切。

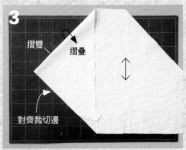

3 將裁切邊對摺。

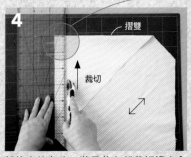

4 轉換布片角度，將尺放在離裁切邊向內3.5㎝處裁切。

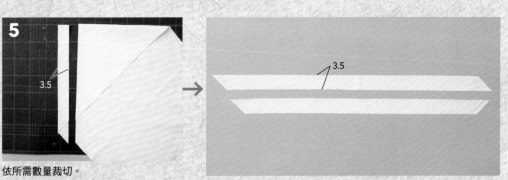

5 依所需數量裁切。

2 接縫

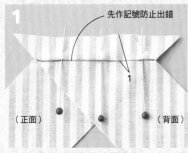

1
先作記號防止出錯
1
（正面）（背面）

在斜布條作縫份記號（圖片是1cm），再如圖將兩片正面相疊，對齊記號與記號以珠針固定。

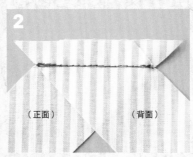

2
（正面）（背面）

車縫記號處。

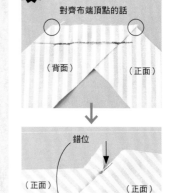

對齊布端頂點的話
（背面）（正面）

↓

錯位
（正面）（正面）

一旦對齊布端頂點，車縫後就會錯位，如圖示。

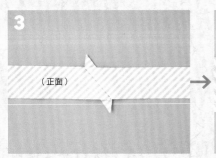

3
（正面）→（背面）

燙開縫份，修剪外凸的縫份。

3 摺疊兩側

1
斜布條（背面）→（背面）（正面）

斜布條背面朝上穿入滾邊器。先確認拉出後兩側是否均衡於中央接合。

「滾邊器」
p.34
GO

2

一邊將滾邊器朝箭頭方向移動，一邊燙壓褶線。

完成！

提升作品的縫紉講座

介紹一些對提升成品質感有幫助的小技巧，像是漂亮車縫邊角、順利車縫弧線的要訣等，
應用在袖珍包與波奇包等越小的作品越能發揮效果。

Lesson1　漂亮車縫邊角 ①

正方形口袋，尺寸越小越在意有沒有縫歪掉。另外，當
縫紉記號來到壓布腳下方，往往很難判斷該往哪裡縫才
對。那麼，就一起來了解在轉角落針的技巧。

作品
(毛球花邊托特包)

大小剛好用來放錢包與手機
的托特包。口袋轉角的車縫
技巧，在翻出包底時也能發
揮作用。

完成尺寸：
約高21×寬23cm
作法 p.118

車縫正方形口袋

1

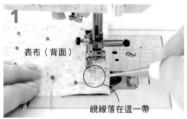

表布（背面）

視線落在這一帶

在車縫直線時，不要盯著車針而是看著壓
布腳前端周圍，這樣就能筆直車縫。

2

表布（背面）

當轉角記號來到壓布腳下方，放慢速度車
縫到轉角。

車針刺入轉角就旋轉布

3

在車針落下時
旋轉布

在轉角記號落針，抬高壓布腳，將布旋轉90°，朝下一個轉角
前進。重複相同作業，預留返口，縫好四個邊。

參考**p.23**
轉角的縫法

呈現工整四方形的
另一個重點

表布
（背面）

剪掉

縫完四邊後，如圖
剪掉四方形的四個
角。

↓

裡布
（背面）

縫份倒向裡布側整
燙，再翻回正面。

如果在轉角外落針，
可手動補救

落針位置若超出轉角一點點，可抬高
壓布腳，轉動手輪，讓車針落在轉角
記號上。

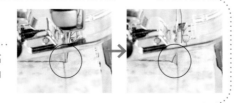

Lesson2 漂亮車縫邊角 ❷

方形底與側面縫合，會因側面形狀而有不同作法。先學習輪狀側面的縫法。分別車縫對向的兩個邊，既好縫整體也不易位移變形。

作品
（ 男士風彈片口金波奇包 ）

附提把波奇包，男士風的布片組合因為開口抽縐而多了份柔和感。底側身增加了收納量。

完成尺寸：
約高13×寬14cm
作法 p.119
附原寸紙型

單手輕壓左右就能輕鬆打開的彈片口金包。

縫合方形底與輪狀側面

1

側面（背面）

底（背面）

底與側面正面相疊，先以珠針固定短邊。對齊側面脇邊的針趾與底部短邊的中央。

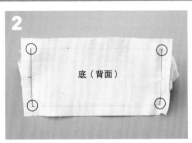

2

底（背面）

分別車縫對向邊而不是繞著各邊車縫

短邊是從完成線的記號車縫到另一個記號。起點與終點都需回針。

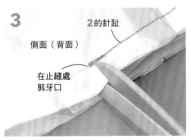

3

2的針趾

側面（背面）

在止縫處剪牙口

在**2**中止縫處的側面側縫份剪牙口。注意不要剪太深。

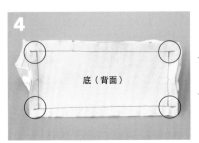

4

底（背面）

這幾處都是從一端車縫到另一端

將底的長邊與側面正面相對以珠針固定，從一端縫到另一端。

漂亮車縫邊角 ❸

這是底部的四個邊各自與四片側面縫合的作法。重點在側面與底都是從記號車縫到另一個記號，之後再將側面縫合。

骰子風立方包

側面與底都是正方形，可直挺立著的帆布材質。帆布的針趾比一般布料長一點比較好車縫。

完成尺寸：
約寬20×深20×高20㎝
作法 p.120

有兩個內口袋，其中一個中間加上分隔線。

縫合四方底與4片側面

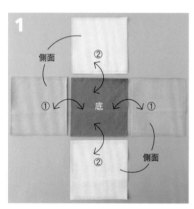

1

側面 ②
① 底 ①
② 側面

依圖中數字順序縫合。底部與四片側面縫合時最好先左右再上下。

2

從記號縫到另一個記號

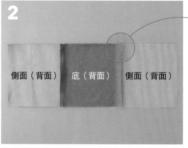

側面（背面） 底（背面） 側面（背面）

縫到記號

在底的左右接縫側面。從記號縫到另一個記號。

3

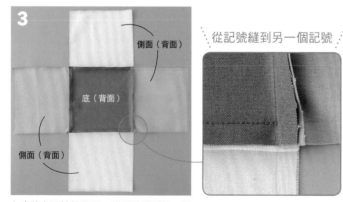

側面（背面）
底（背面）
側面（背面）

從記號縫到另一個記號

在底的上下接縫側面。從記號縫到另一個記號。需避開已接縫的側面縫份。

4

口側是縫到布端

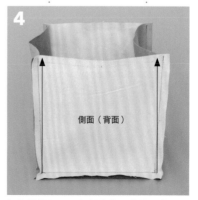

側面（背面）

相鄰的側面正面相對車縫。依箭頭方向，從底側的記號往側面端車縫。

Lesson4 漂亮車縫弧線 ④

縫合弧線與直線的重點是先在直線部分剪牙口,並將直線部分置於上方車縫。每1針都變換方向車縫容易導致針趾歪斜,以一定速度旋轉布料車縫即可。

作品
（ 附把手橢圓收納籃 ）

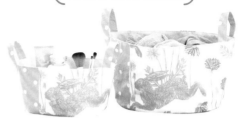

拼接兔子與水玉圓點圖案的橢圓收納籃,洋溢柔雅氛圍。短提把方便移動,兔子脖子上的蝴蝶結也很吸睛。

完成尺寸:
（大）底部短徑約20.5×長徑29cm,高約16cm
（小）底部短徑約13.5×長徑21.5cm,高約13cm
作法 p.121
附原寸紙型

縫合弧形底與輪狀側面

1

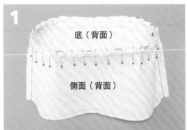

底（背面）
側面（背面）

底與側面正面相疊以珠針固定。因為直線的側面布稍微起皺,所以一邊剪牙口一邊以珠針固定。

在側面的縫份剪牙口

2

針趾長約2至2.5cm,速度慢。如果是以踏板控制,要穩定踩踏,以相同速度車縫。踩踏力道不均會造成針趾歪斜。

3

將側面置於上方

固定一點的旋轉布

側面（背面）

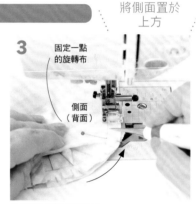

左手輕按弧線部分的一個點,以錐子輔助送布車縫。不要變換按住的點,自然的轉動布。

弧線縫法
p.24
GO

4

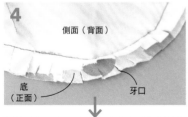

側面（背面）
底（正面）
牙口

底（正面）

縫完一圈,在底部縫份剪牙口,翻回正面。

開口周圍的邊機縫

マスキングテープ

以壓布腳為導引決定車針落下的位置（左圖）,筆直放上布,對齊布端貼上紙膠帶,沿著紙膠帶車縫（右圖）。

邊機縫
p.25
GO

Lesson5
漂亮車縫弧線與
銳角切口 ⑤

與p.67 的Lesson4一樣,訣竅在左手固定按住一點的自然轉動布,車縫和緩線條。山谷般的銳角則是調整手輪,讓車針剛好落在尖角上。當完成線來到壓布腳下方就會擋住視線,建議使用透明的壓布腳。

作品
花瓣布盤

捏住花瓣車縫的立體布盤。碎花圖案的Liberty印花布將餐桌點綴的好繽紛!製作不同大小布盤,當成收納好物。

完成尺寸:
(大)各約直徑20×高4cm
(小)各約直徑10×高2cm
作法 p.122
附原寸紙型

車縫弧線與銳角

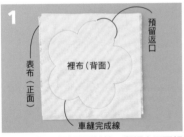

在表布背面燙貼單膠鋪棉,與裡布正面相疊。預留返口,車縫完成線。

弧線部分以左手輕按一個點,一邊用錐子輔助送布車縫,一邊自然旋轉布(參考p.67)。

花瓣的下凹銳角一進入壓布腳下方就不容易看見,可將壓布腳抬起,確認車針落下位置,慢慢前進車縫。

當車針落在尖角跟前的位置,抬起壓布腳,轉動手輪,讓車針可以落在完成線上的稍微挪動布車縫,轉換方向。

已經越過尖角時

若超過尖角1針(圖左),與4相同,抬起壓布腳,轉動手輪,調整車針位置。

實踐篇

從實作中熟練機縫技巧

practice

最後來到了實踐篇！

一邊複習前文介紹的縫紉機用法，一邊縫製美麗的布小物。

從立刻就能上手的簡單束口包到多口袋的機能性後背包，

請充分感受機縫的美妙趣味。

如果有不懂的，可查閱基礎篇或應用篇加以確認。

作法解說均搭配清楚圖片，新手也一定沒問題！

● 材料中的○×○cm為寬×長。
● 用量是稍有餘裕的尺寸。
● 作法中的數字基本上是以cm為單位。
● 為便於理解，說明時會更換車線顏色，實際製作請使用適合布料顏色的車線。

做做看！
無裡布束口包

就從最基本款的束口包做起，同步溫習裁縫基礎。作法中會運用許多基礎篇中習得的技巧，可一邊參照。

布邊縫	回針縫	車縫轉角
三摺邊車縫	線頭處理	

材料
表布：25×60cm
直徑0.5cm繩子長120cm
（裁成兩等份）

使用的壓布腳
基本壓布腳
（萬用壓布腳）

布邊壓布腳

完成尺寸：約長24×寬20cm

1

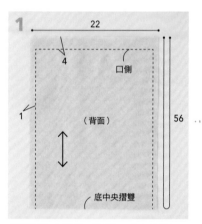

22
4
口側
（背面）
1
56
底中央摺雙

將表布裁成長56×寬22cm（含縫份）。不畫完成線。

POINT

若是底部摺雙，表布最好挑選無方向性花樣。想使用有方向性花樣時，在底部加上1cm縫份，表布裁成兩片，各長29×寬22cm。

布邊縫
p.26
GO

2

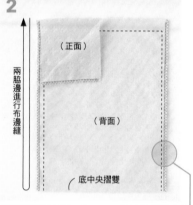

（正面）
兩脇邊進行布邊縫
（背面）
底中央摺雙

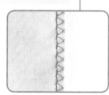

安裝布邊壓布腳，在表布兩脇邊進行布邊縫。

3

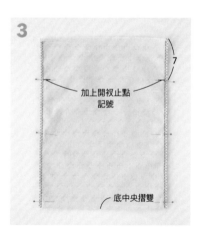

7
加上開衩止點記號
底中央摺雙

正面相向對摺表布，以珠針固定兩脇邊。並在由上往下7cm的兩端加上開衩止點記號。

4

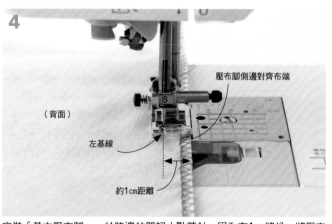

壓布腳側邊對齊布端
（背面）
左基線
約1cm距離

安裝「基本壓布腳」，於脇邊的開衩止點落針。因為有1cm縫份，將壓布腳側邊對齊布端，車針設定在左基線（參考➡p.16）。

5

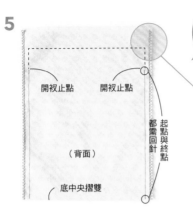

開衩止點　開衩止點

都需回針
起點與終點

（背面）

底中央摺雙

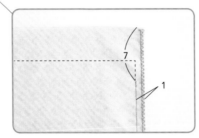

> 回針縫
> **p.22**
> *GO*

7

1

起點先回針再縫到底部，終點也需回針。
另一側脇邊作法相同。因為兩脇邊都是從
開衩止點朝底部車縫，能維持整體不歪
斜，所以另一側也可以翻到背面車縫。

6

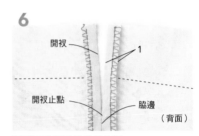

開衩

1

開衩止點

脇邊

（背面）

燙開兩脇邊的縫份並整燙。

7

0.5

（正面）

從正面在兩脇邊的開衩處壓線。在開衩摺
線向內0.5cm處落針，先回針再開始前進
車縫。

8

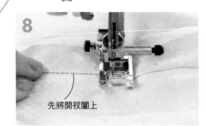

先將開衩闔上

當車縫至開衩止點，將車針刺入布，抬起
壓布腳，將布旋轉90°（參考➡p.23）。
接著放下壓布腳，在開衩止點如同回針般
重複縫幾針，增加牢固。

9

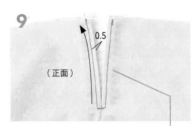

0.5

（正面）

（背面）

依8的作法轉個角，繼續車縫開衩
摺線向內0.cm處，終點也要回針。
另一側開衩止點作法相同。

> 邊角縫法
> **p.23**
> *GO*

脇邊

3

1

10

口側三摺

（背面）

底中央摺雙

口側依1cm→3cm寬度
三摺邊。

> 三摺邊車縫
> **p.28**
> *GO*

11

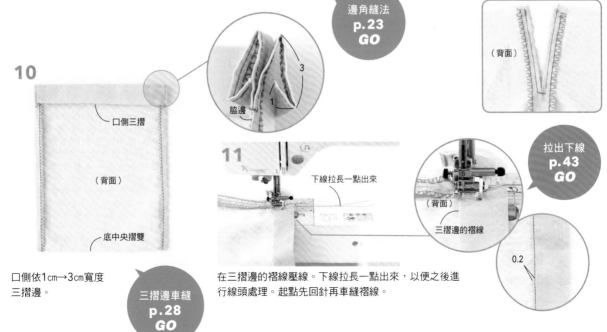

下線拉長一點出來

（背面）

三摺邊的褶線

> 拉出下線
> **p.43**
> *GO*

0.2

在三摺邊的褶線壓線。下線拉長一點出來，以便之後進
行線頭處理。起點先回針再車縫褶線。

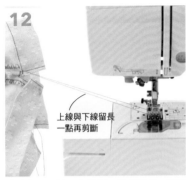

12

上線與下線留長
一點再剪斷

終點也需回針，上線與下線都留長一點再
剪斷。另一側三摺邊的褶線作法相同。

13

（背面）

參考底下作法處理線頭。回針後簡單將線
剪斷也OK，隨個人喜好。

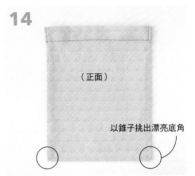

14

（正面）

以錐子挑出漂亮底角

將袋身翻到正面，以錐子
挑出底角，整理形狀。

翻出漂亮
邊角的方法
p.55
GO

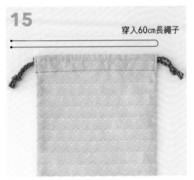

15

穿入60cm長繩子

由左右側穿入剪成兩等份繩子，尾端打
結。

完成！

整齊美觀的處理線頭

以機縫進行回針，雖然可預防脫線，但就是會
露出短線頭。如果先打止縫結，再將結藏入布
中，表裡側看起來都整齊美觀。作法如下。

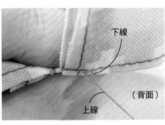

下線

（背面）

上線

1 拉上線，將下線引到袋身裡側。

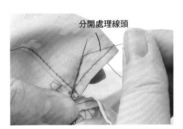

分開處理線頭

2 將一條線頭穿入穿入手縫針，對
齊線頭露出位置，以線繞針2至
3圈。

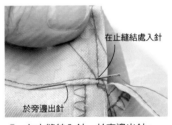

止縫結

3 比照打止縫結的要領拔針。

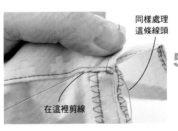

在止縫結處入針

於旁邊出針

4 在止縫結入針，於旁邊出針。

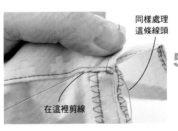

同樣處理
這條線頭

在這裡剪線

5 一拉緊線，止縫結就藏入布中。再
稍微拉緊線剪斷，線頭就會縮回布
內。剩餘的另一條線頭作法相同。

做做看！
有裡布上課包

縫製幼兒園包或上課包應該是許多人開始使用縫紉機的動機吧！加了裡布就不需要處理縫份，很適合初學者。還能練習牢固車縫提把及口袋的技巧。

回針縫　邊機縫　車縫轉角　暫時車縫固定提把

材料
側面表布・內口袋70×50cm、底布・裡布90×75cm、提把用織帶寬2.5cm長70cm、名牌1片、布標1片

使用的壓布腳
基本壓布腳
（萬用壓布腳）

完成尺寸：約長29.5×寬37cm，側身5cm

1 裁切各部件

在各部件加上1cm縫份裁剪。當成提把的織帶兩端各車縫1cm。

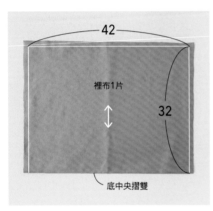

裡布1片
42
32
底中央摺雙

☆加上1cm縫份

織帶2條
31

名牌1片

布標1片

內口袋1片
20
28
底側
底側
口側

42
口側
側面表布2片
接縫底部側
21

接縫側面側
42
底表布1片
接縫側面側
22

接縫底部側
口側

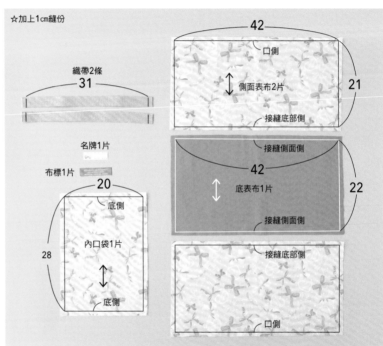

2 製作表袋

縫份倒向底表布側

（背面）

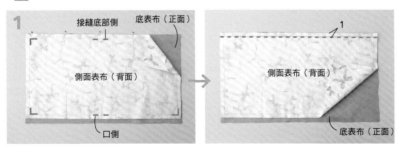

1
接縫底部側　底表布（正面）
側面表布（背面）
口側

側面表布（背面）
1
底表布（正面）

將側面表布的接縫底部側與底表布的接縫側面側正面相對，以珠針固定車縫。

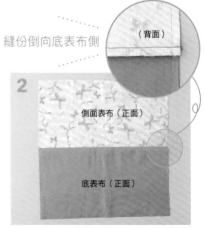

2
側面表布（正面）
底表布（正面）

翻到正面，縫份倒向底側。

3

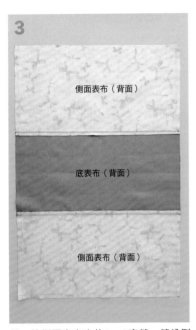

側面表布（背面）

底表布（背面）

側面表布（背面）

另一片側面表布也依 **1**・**2** 車縫，縫份倒向底側。

4

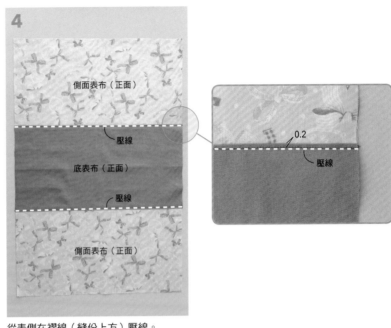

側面表布（正面）

壓線

底表布（正面）

壓線

側面表布（正面）

0.2

壓線

從表側在褶線（縫份上方）壓線。

5

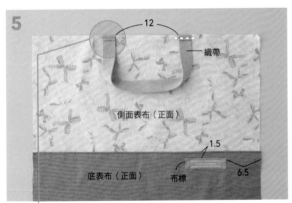

12

織帶

側面表布（正面）

1.5

底表布（正面）　布標　6.5

將織帶暫時車縫固定在側面表布的口側。在底表布縫上布標。另一邊口側也暫時車縫固定織帶。

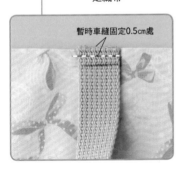

暫時車縫固定0.5cm處

暫時車縫
固定的作法
**p.113
GO**

6

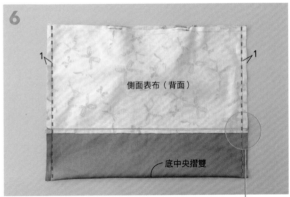

1　側面表布（背面）　1

底中央摺雙

將 **5** 正面相向對摺，車縫兩脇邊。參考➡p.75對齊底表布針趾會很美觀。

對齊針趾

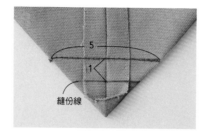

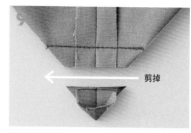

車縫側身。燙開脇邊縫份，對齊脇邊與底中央，將底側摺成三角形。

在5cm寬位置作記號並車縫。再於針趾向外1cm處畫縫份線。

沿縫份線剪開。另一側作法相同，縫出側身。

對齊接縫處的作法　表布接縫處若未對齊，會降低美觀度。請務必試試以下三種作法，在平針縫之前先暫時車縫固定接縫處附近，防止位移。

● 暫時車縫固定

以珠針固定接縫處上下，車縫縫份，暫時固定。重點是不在縫份中央而是比較靠近完成線的車縫。

● 以熱熔線暫時固定

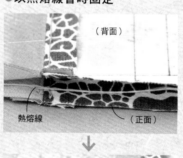

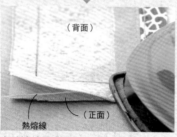

在脇邊接縫處的縫份夾入熱熔線，以熨斗燙貼。訣竅是布片正面相疊時要一邊仔細確認一邊熨燙。注意，在布上燙襯等勿使用高溫。

熱熔線為合成樹脂，為遇熱就會熔化的接著線材，可代替疏縫或珠針，也可裝在縫紉機上使用。

● 以訂書針暫時固定

最簡便快速的方法是用訂書機固定接縫處。但縫好脇邊要記得拆下訂書針。

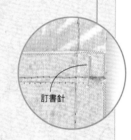

一般訂書機也OK。當布太厚無法使用訂書機就改用其他方法。

3 製作裡袋

1

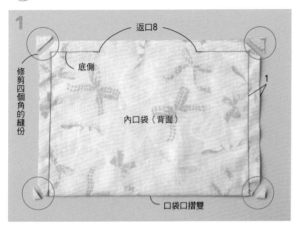

製作內口袋。正面相向對摺,預留返口,
車縫三個邊。修剪四個角的縫份。

轉角縫法
p. 23
GO

2

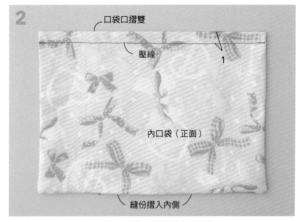

翻到正面,在口袋口的那一邊(摺雙邊)壓線。
返口可以只是將縫份摺入內側。

翻出漂亮
邊角的方法
p. 55
GO

3

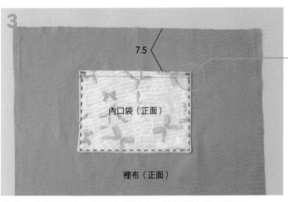

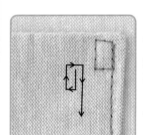

也有這種縫法!

將內口袋縫至裡布。為了加強固定,依箭號車縫口袋口。

整齊處理
線頭的方法
p. 72
GO

4

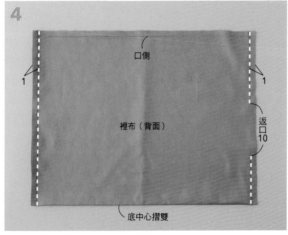

車縫兩脇邊,在一側的脇邊預留返口。

5

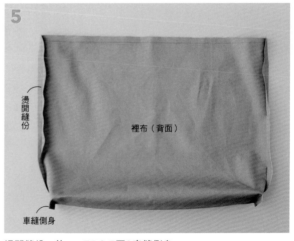

燙開縫份,依 ➡ p.75 2-7 至9車縫側身。

4 整理

1

裡袋（背面）

表袋（背面）

表袋與裡袋正面相疊，以強力夾固定口側。

表袋與裡袋
的縫法
**p.111
GO**

2

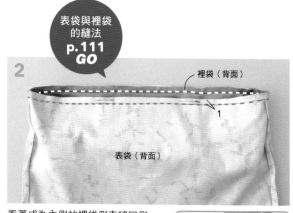

裡袋（背面）

1

表袋（背面）

看著成為內側的裡袋側車縫口側。

內側置於上方
比較好縫

3

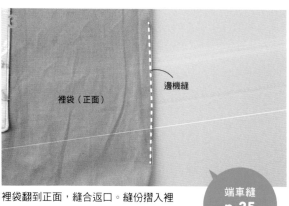

裡袋（正面）

邊機縫

裡袋翻到正面，縫合返口。縫份摺入裡
側，進行邊機縫。

端車縫
**p.25
GO**

4

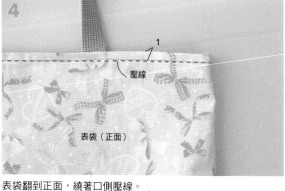

1

壓線

表袋（正面）

表袋翻到正面，繞著口側壓線。

可愛又牢固接縫提把的技巧

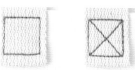

也有將提把直接縫在表袋外側，兼具裝飾與加強固定
效果。不妨試試！

5

1.5   脇邊

4.5

名牌

裡袋（正面）

安全考量將名牌縫在裡袋
側。以手縫將名牌兩端固定
在裡袋上。

手縫固定

完成！

運用兩種組合方式製作

3口袋圓底托特包

圓底托特包易在縫合時出現部件尺寸不合或是縫出的線條不漂亮等困擾。底下依據厚布與薄布解說兩種作法。

回針縫	車縫弧線	邊機縫	帆布
暫時車縫固定提把	車縫弧形底與輪狀側面		滾邊

完成尺寸：各約底部直徑21×高22cm

兩款前面都有使用圖案布的大口袋，增添繽紛色彩。後面與底部則統一使用素面布。

接縫裡布的作法不同

厚布
如果作法比照薄布，縫份會變厚。為減輕厚度，分開製作表袋與裡袋，於口側縫合。

薄布
為了讓底部保持堅固，側面分別與底部表布·裡布各自接縫，再全部組合。縫份以滾邊處理。

材料
【薄布】前側面表布a用亞麻布50×25cm、前側面表布b·後側面表布·提把·底表布用亞麻布75×50cm、外口袋表布用棉麻布50×25cm、裡布110×55cm、四摺包邊條 寬1.1cm 長70cm。
【厚布】前側面表布a用11號帆布50×25cm、前側面表布b·後側面表布·提把·底表布用11號帆布75×50cm、外口袋表布用棉麻布50×25cm、裡布110×55cm。

附原寸紙型

使用的壓布腳
基本壓布腳
（萬用壓布腳）

薄布·厚布通用

1 裁剪各部件 將標示的尺寸加上縫份裁剪2片提把，其他參考原寸紙型，加上縫份各自裁剪。

※薄布與厚布至➡p.80的作法一致。

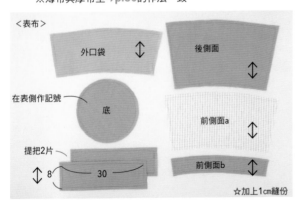

<表布>
外口袋
後側面
在表側作記號
底
前側面a
提把2片
8
30
前側面b
☆加上1cm縫份

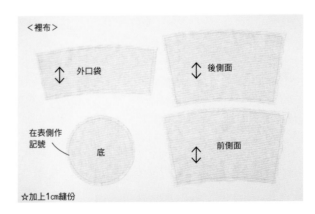

<裡布>
外口袋
後側面
在表側作記號
底
前側面
☆加上1cm縫份

2 製作提把

1

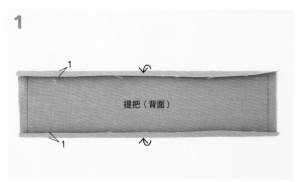

摺疊提把長邊的縫份。

2

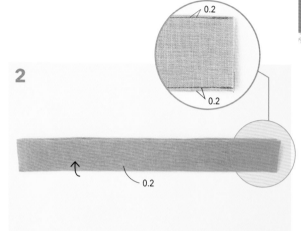

背面相向對摺，長邊進行邊機縫。
製作兩條。

邊機縫
p.25
GO

3 製作側面表布

1

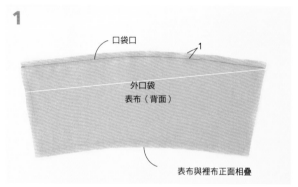

外口袋的表布與裡布正面相疊，車縫口袋口，翻到正面。裡布稍微內縮摺疊更美觀。

POINT

以粗針或錐子
輔助翻面

翻到正面，以粗針或錐子挑出卡在接縫處的布再整燙。

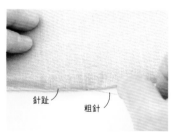

2

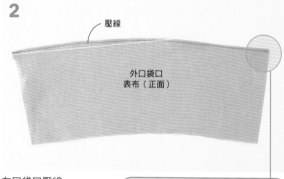

在口袋口壓線。

3

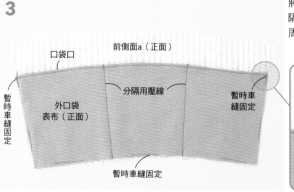

將外口袋疊在前側面a，進行分隔用壓線，並暫時車縫固定四周多個位置。

4

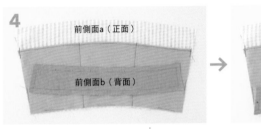

前側面a（正面）

前側面b（背面）

→

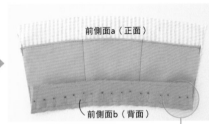

前側面a（正面）

前側面b（背面）

前側面b與**3**正面相疊。因為彎曲方向不同（左圖），依中央、兩端邊角、其間的順序以珠針固定（右圖）。不必勉強配合圓弧邊，有點起皺也OK。

也OK 有點起皺

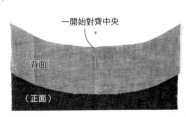

一開始對齊中央

（背面）

（正面）

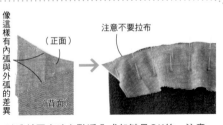

像這樣有內弧與外弧的差異

（正面）

（背面）

→ 注意不要拉布

POINT 在縫合彎曲方向不一的部件時，以珠針固定時有點浮凸或起皺是OK的。注意，勉強讓布完全貼合圓弧邊，一旦翻到正面，針趾也會翹起變形。

弧線縫法 p.24 *GO*

5

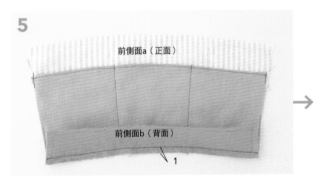

前側面a（正面）

前側面b（背面）

1

→

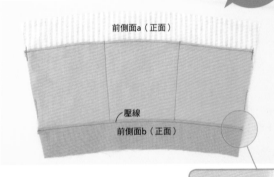

前側面a（正面）

壓線

前側面b（正面）

0.5

車縫**4**，翻到正面，縫份倒向前側面b側，進行壓線。

暫時車縫固定的作法 p.113 *GO*

6

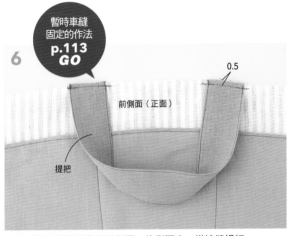

0.5

前側面（正面）

提把

將提把暫時車縫固定於前側面。後側面也一樣接縫提把。

7

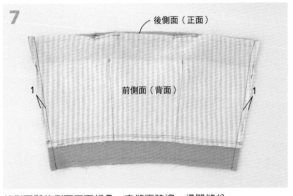

後側面（正面）

1

前側面（背面）

1

前側面與後側面正面相疊，車縫兩脇邊，燙開縫份。

使用薄布請繼續下一個步驟，使用厚布請翻到**p.83**。

使用薄布製作

各自車縫側面與底的表布．裡布再對齊，以滾邊處理縫份。

4 製作側面裡布與底 & 整理

1

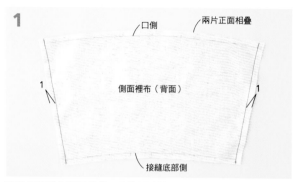

兩片側面裡布正面相疊，車縫兩脇邊，燙開縫份。

2

將3中縫製的側面表布與1正面相疊，口側依兩脇邊、中央、兩者間的順序以珠針固定。

3

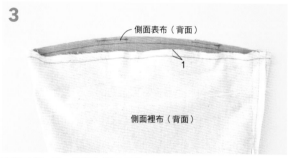

車縫口側一圈。弧線和緩且長的口側周圍，車縫時容易延展，可用手補助。

POINT
邊看著表布端車縫

車縫一圈時，像將表布放入裡面般對齊裡布，邊看著表布端車縫，會比較好送布。

手只是輔助

表袋與裡袋的縫法
p.111
GO

4

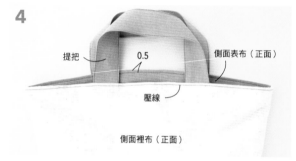

提把　0.5　側面表布（正面）
壓線
側面裡布（正面）

翻到正面，看著表布在口側壓線。參考3-1的 **POINT** 整理縫份。裡布稍微內縮摺疊更美觀。

5

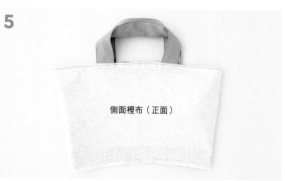

側面裡布（正面）

在側面裡布的表側畫完成線，方便與底布對齊。

POINT
在裡布的表側畫完成線

6

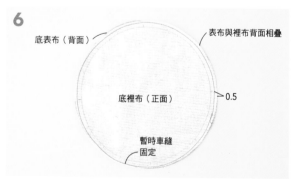

底表布（背面）　表布與裡布背面相疊
底裡布（正面）　0.5
暫時車縫固定

底表布與裡布背面相疊，暫時車縫固定四周。

7

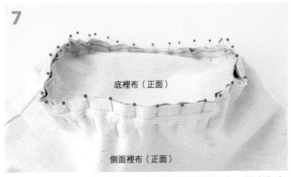

底裡布（正面）

側面裡布（正面）

底裡布與側面裡布背面相疊，以珠針從側面側固定，順序為中央、脇邊、合印與兩者間，密集固定。如果是亞麻等容易服貼的布料，縫份可不剪牙口。

8

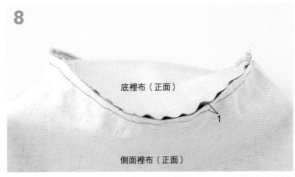

底裡布（正面）

1

側面裡布（正面）

看著側面車縫底部。右手微縮，左手手指撫平側面布的皺紋車縫。

POINT
從側面側刺入珠針

底裡布（正面）

側面裡布（正面）

脇邊

車縫弧形與輪狀側面的方法
p.67
GO

POINT
看著側面車縫

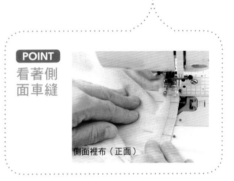

側面裡布（正面）

珠針與完成線平行也OK

9

斜布條（背面）

側面裡布（正面）

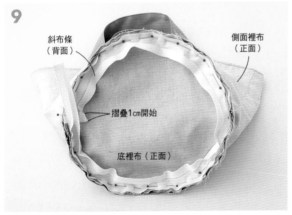

摺疊1cm開始

底裡布（正面）

以斜布條包捲**8**的縫份。先展開斜布條的褶線，與裡底布正面相疊以珠針固定。珠針與完成線平行插上更不會位移。

POINT
從靠身體朝向裡插上珠針，方便一邊車縫一邊移除。

10

側面裡布（正面）

1

車縫

底裡布（正面）

斜布條（背面）

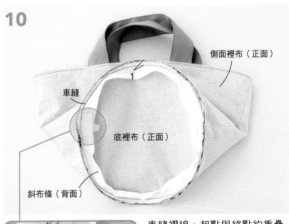

剪去多餘部分

約重疊2cm

車縫褶線。起點與終點約重疊2cm，剪去多餘部分。

11

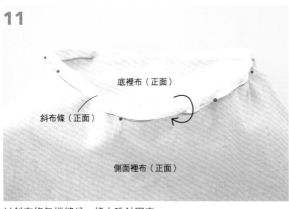

底裡布（正面）

斜布條（正面）

側面裡布（正面）

以斜布條包捲縫份，插上珠針固定。

滾邊方法
p.56
GO

12

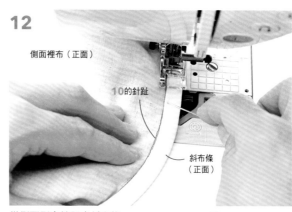

側面裡布（正面）

10的針趾

斜布條
（正面）

從側面側車縫固定斜布條。
以錐子輔助，以便將10的
針趾遮住的車縫。

完成！

使用厚布製作時

分開製作表袋與裡袋，最後於口側縫合。

4 製作表袋

1

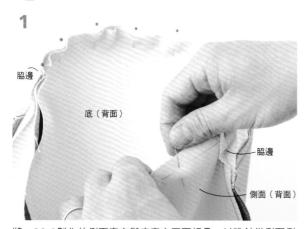

脇邊

底（背面）

脇邊

側面（背面）

將p.80-3製作的側面表布與底表布正面相疊，以珠針從側面側
固定，順序為兩脇邊、中央、合印與兩者間。

POINT 一邊以珠針固定一邊剪牙口

布厚，不易與側面服貼時，
可在側面的縫份剪牙口。為
了防止布料延展，不要一口
氣剪上所有牙口，而是邊以
珠針固定邊剪牙口。

牙口

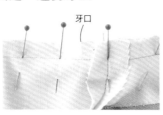

2

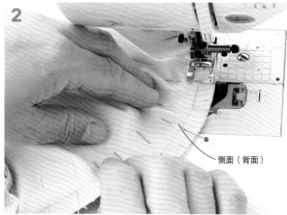

側面（背面）

看著側面車縫。右手微
縮，左手手指撫平側面
皺紋車縫。

底（背面）

1

側面（背面）

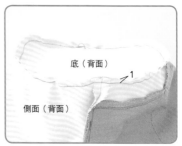

5 製作裡袋

1

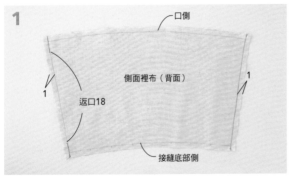

將兩片側面裡布正面相疊,預留返口車縫兩脇邊。

2

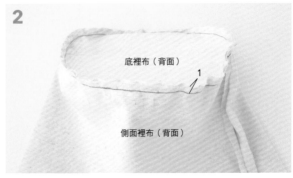

參考4,縫合底裡布與側面裡布,依布的厚度在側面剪牙口。

6 整理

1

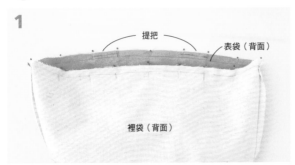

表袋與裡袋正面相疊,以珠針固定口側。固定順序為中央、脇邊、合印與兩者間,提把兩脇邊也要固定,能縫得工整又好看。

2

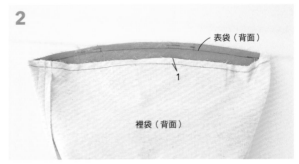

車縫口側,從返口翻到正面。參考 p.79.3-1 的 POINT 整理縫份。口側的裡布稍微內縮摺疊會很整齊。

表袋與裡袋的縫法 p.111 GO

3

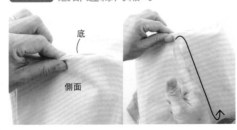

縫合返口,看著表袋在口側壓線。

POINT 底部邊緣內縮時

厚布包包的底部邊緣內縮未完全展開,又礙於圓形型而難用熨斗整燙,此時手指就是便利工具。以右手的食指從內側向外頂,左手捏住底與側面接縫處將邊緣展開。

完成!

完成尺寸：約長11.5×寬17.5cm

包包打開後內容物一覽
無遺的方便L形拉鍊。
薄型款，攜帶輕便。

做做看！

L形&一字形拉鍊波奇包

| 回針縫 |
| 拉鍊 |
| 車縫弧線 |

熟練基本的拉鍊波奇包作法，接下來要挑戰的是將拉鍊彎曲接縫的技巧。另外推薦一字形拉鍊，不僅好看，作法也出乎意料的簡單。

材料
表布・尾片50×15cm、口袋25cm　四方、裡布45×15cm、接著襯40×15cm、12cm　拉鍊1條、23cm　拉鍊1條
附原寸紙型

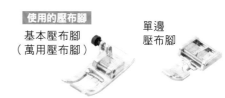

使用的壓布腳

基本壓布腳
（萬用壓布腳）

單邊
壓布腳

1　裁剪各部件

依標示尺寸裁剪1片尾片，其他參考原寸紙型，加上指定縫份各自裁剪。在表布背面燙貼原寸（不加縫份）裁剪的接著襯。裡布依表布尺寸裁剪前面與後面，各1片。

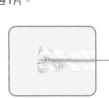

將23cm拉鍊的上止側布耳摺至裡側，手縫固定。

收摺拉鍊端
p.50
GO

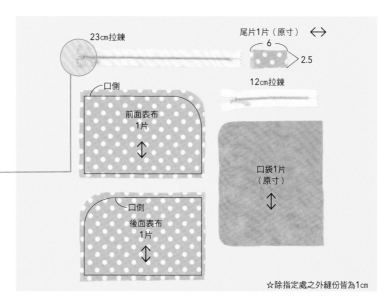

23cm拉鍊

口側

前面表布
1片

口側

後面表布
1片

尾片1片（原寸）　↔
6
2.5

12cm拉鍊

口袋1片
（原寸）

☆除指定處之外縫份皆為1cm

2　製作前面表布

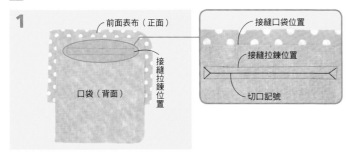

1

前面表布（正面）

接縫拉鍊位置

口袋（背面）

接縫口袋位置

接縫拉鍊位置

切口記號

口袋與前面表布正面相疊，在要接縫拉鍊的位置車縫，並作切口記號。

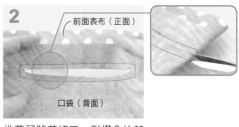

2

前面表布（正面）

口袋（背面）

沿著記號剪切口。對摺會比較好剪開。

3

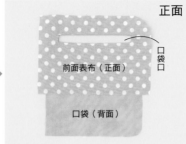
正面

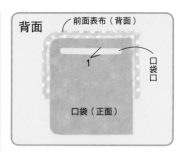
背面

口袋穿過切口，翻到正面，以熨斗整燙。

4

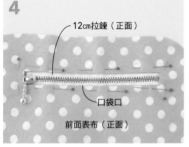
12cm拉鍊（正面）
口袋口
前面表布（正面）

從裡側對齊口袋口與拉鍊，以珠針固定。

5
正面

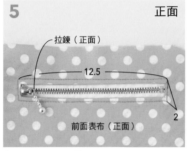
拉鍊（正面）
12.5
前面表布（正面）
2

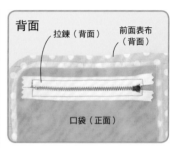
背面
拉鍊（背面）　前面表布（背面）
口袋（正面）

車縫四周，固定拉鍊。

6

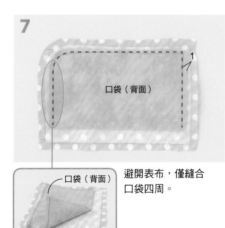
口袋（正面）　前面表布（背面）
口袋（背面）

口袋正面相向對摺，避開表布，以珠針固定口袋四周。

7

口袋（背面）
1

口袋（背面）
前面表布（背面）

避開表布，僅縫合口袋四周。

避開表布
POINT
避開表布的車縫口袋。

3 將拉鍊夾成L型接縫

1

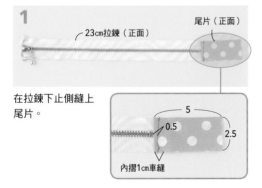
23cm拉鍊（正面）
尾片（正面）

在拉鍊下止側縫上尾片。

5
0.5
2.5
內摺1cm車縫

2

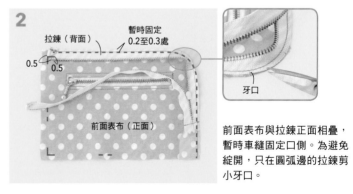
拉鍊（背面）　暫時固定0.2至0.3處
0.5
0.5
前面表布（正面）

牙口

前面表布與拉鍊正面相疊，暫時車縫固定口側。為避免綻開，只在圓弧邊的拉鍊剪小牙口。

3

前面表布（背面）

1

前面裡布（正面）

拉鍊（正面）

口側

表布（正面）

前面表布・裡布正面相疊車縫，翻到正面，整理形狀。

4

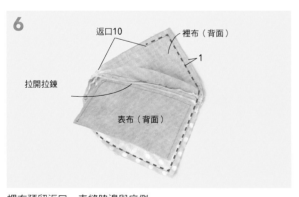

口側

拉鍊（正面）

口側

前面表布（正面）

後面表布（正面）

前面裡布（背面）

前面裡布（背面）

依**2・3**將拉鍊另一側接縫於後面表布・裡布。

5

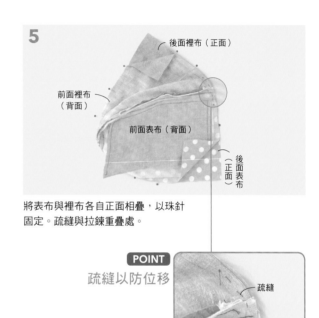

後面裡布（正面）

前面裡布（背面）

前面表布（背面）

後面表布（正面）

將表布與裡布各自正面相疊，以珠針固定。疏縫與拉鍊重疊處。

POINT

疏縫以防位移

疏縫

口側

6

返口10

裡布（背面）

1

拉開拉鍊

表布（背面）

裡布預留返口，車縫脇邊與底側。

7

翻到正面，整理形狀，縫合返口。

完成尺寸：約長11×寬18cm 側身約寬4cm
作法 p.123

做做看！
附側身波奇包

拉鍊兩端超出本體的時尚設計並不需要困難的技巧。縫上側身讓使用性更佳。裡袋最後會以藏針縫縫合，所以接縫拉鍊時省去暫時固定的步驟。

| 回針縫 |
| 拉鍊 |
| 車縫弧線 |
| 處理線頭 |

材料
側面表布・尾片45×20cm、
側身表布・側面裡布・側身裡布
40cm 四方、接著鋪棉30×40cm、
20cm拉鍊1條
附原寸紙型

使用的壓布腳

基本壓布腳
（萬用壓布腳）

單邊
壓布腳

拉鍊兩端在本體之外不只有設計感，也方便移動拉鍊頭開闔。

1 裁剪各部件

依標示尺寸裁剪2片尾片，其他參考原寸紙型，加上0.7cm縫份各自裁剪。在表布背面燙貼原寸（不加縫份）裁剪的接著鋪棉。裡布依表布尺寸裁剪2片側面及1片側身。

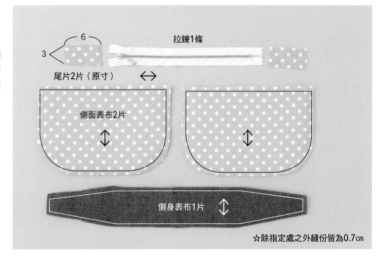

拉鍊1條
6
3
尾片2片（原寸）　←→
側面表布2片
側身表布1片
☆除指定處之外縫份皆為0.7cm

2 將拉鍊接縫於側面表布

1

拉鍊（背面）　口側
車縫至記號
側面表布（正面）

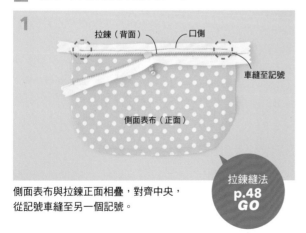

側面表布與拉鍊正面相疊，對齊中央，從記號車縫至另一個記號。

拉鍊縫法
**p.48
GO**

2

拉鍊（正面）
口側
側面表布（正面）

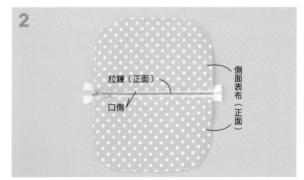

另一片側面表布同樣接縫另一側拉鍊。

後續參考p.123製作表袋

3 在拉鍊縫上尾片

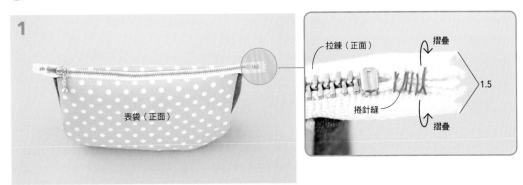

1

表袋（正面）

拉鍊（正面）　摺疊

捲針縫　摺疊　1.5

拉鍊下止端摺至背面變成1.5cm，進行捲針縫。

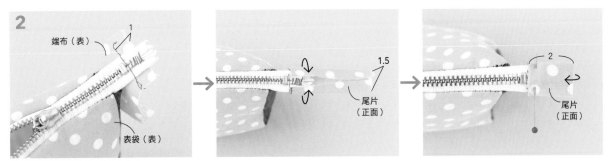

2

端布（表）　1

表袋（表）

1.5　尾片（正面）

2　尾片（正面）

將尾片縫到拉鍊下止背面，再如圖摺往正面中央以珠針固定
（參考**p.123**的說明）。

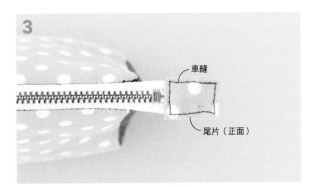

3

車縫

尾片（正面）

車縫尾片一圈，不需回針，在開始的
針趾重複縫2至3針即可。

整齊處理
線頭的方法
p.72
GO

4

尾片（正面）

尾片（正面）

表袋（正面）

依**1**至**3**同樣在拉鍊上止縫上尾片。參
考**p.123**製作裡袋，與表袋背面相疊，
以藏針縫將裡袋固定於拉鍊布帶。

裡袋作法
p.123
GO

做做看！

筒形拉鍊波奇包

使用表布遮住拉鍊鍊齒的高階技巧。不過也只是縫份留多一點並改變摺法，還算簡單。側身小，手縫或車縫都OK。
請參考p.67「車縫弧形底與輪狀側面」

| 回針縫 |
| 拉鍊 |
| 車縫弧形底與輪狀側面 |

材料
側面表布20×30cm、側身表布25×15cm、
接著鋪棉30cm方、裡布30cm方、
12cm拉鍊1條
附原寸紙型

使用的壓布腳

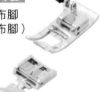

基本壓布腳
（萬用壓布腳）

單邊
壓布腳

完成尺寸：約長7.5×寬12.5cm 側身約寬7.5cm

遮住拉鍊，瞬間散發
優雅氛圍。

1 裁剪各部件

側面是標示尺寸加上縫份（口側1.5cm，其他0.7cm）裁剪，側身是參考原寸紙型加上0.7cm縫份裁剪。在表布背面燙貼原寸（不加縫份）裁剪的接著鋪棉。裡布是與表布同尺寸的裁剪1片側面（口側縫份為0.7cm）與2片側身。參考p.50收摺拉鍊頭尾，手縫固定。

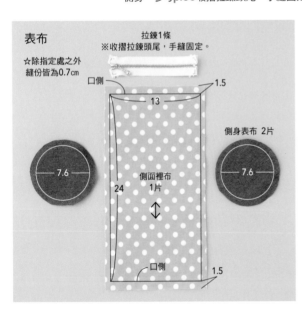

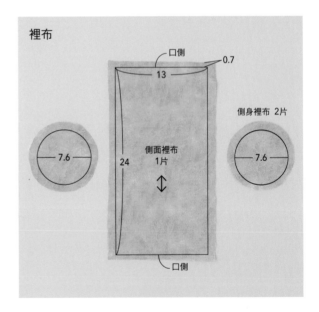

2 製作表袋

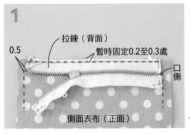

拉鍊鍊齒中央對齊側面表布口側正面相疊，暫時車縫固定。

拉鍊縫法
**p.48
GO**

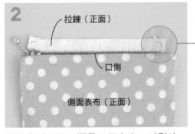
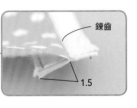

拉鍊翻到正面，摺疊口側表布，以熨斗燙壓。

90

3

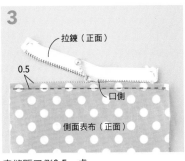

拉鍊（正面）

0.5

口側

側面表布（正面）

車縫距口側0.5cm處。

4

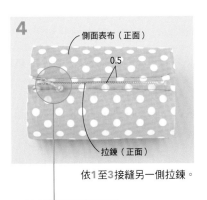

側面表布（正面）

0.5

拉鍊（正面）

口側

依**1**至**3**接縫另一側拉鍊。

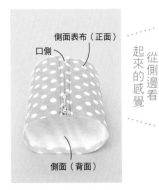

側面表布（正面）

口側

側面（背面）

從側邊看
起來的感覺

5

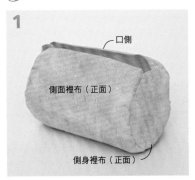

拉鍊（背面）

側面表布
（背面）

側身（背面）

側面與側身正面相疊，以珠針固定。

急轉彎處以機縫
縫合也OK

車縫弧形底與
輪狀側面
p.67
GO

6

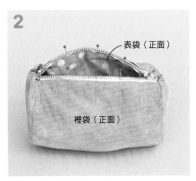

牙口

0.7

側面表布
（背面）

側身（背面）

看著側面以手縫縫合。弧度急彎處適合手縫。
兩片一起於縫份剪牙口。

3 製作裡袋 & 整理

1

口側

側面裡布（正面）

側身裡布（正面）

側面口側的縫份摺入內側。側面裡布與
側身裡布正面相疊車縫，翻到正面。

2

表袋（正面）

裡袋（正面）

表袋與裡袋背面相疊以珠針固定。以藏
針縫將裡袋固定於拉鍊布帶，翻到正
面，整理形狀。

完成！

做做看！
連身圍裙

加上胸前片、拉長裙片長度的多皺褶圍裙。
連身體後面也有裙片包覆，宛如連身洋裝。
使用的布料不要太厚，才能漂亮抽縐。

回針縫	邊機縫	包邊縫	三摺邊車縫
車縫轉角	抽縐	開釦眼	

肩帶在背後交叉，穿過釦眼，調好長度後打結。

腰綁帶繫於前面，肩帶在後面打結。下半身全包覆，就像穿裙子。

完成尺寸：free size
裁布圖與各部件尺寸p.124
附原寸紙型

材料
裙片・口袋・胸前片・貼邊・肩帶・
腰綁帶・腰頭 110×210cm、接著襯
85×25cm

使用的壓布腳
基本壓布腳
（萬用壓布腳）

1 參照P.124裁剪各部件

2 製作肩帶肩帶與腰綁帶

轉角縫法
p.23
GO

邊機縫
p.25
GO

1

肩帶（背面） 1

肩帶（背面） 1 1

摺疊肩帶的一短邊與兩長邊的縫份。

2

邊機縫
肩帶（正面） 1.5

再對摺，進行邊機縫。

3

肩帶（正面）

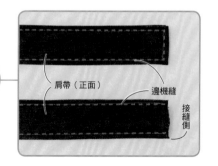
肩帶（正面） 邊機縫 接縫側

如圖車縫接縫側（未摺疊縫份側）。

4

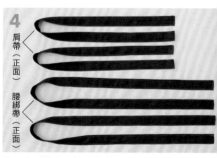
肩帶（正面）
腰綁帶（正面）

另一條肩帶與兩條腰綁帶作法相同。

3 製作胸前片

1

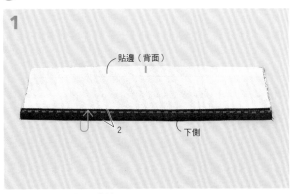

貼邊（背面）

下側

2

摺疊貼邊下側的縫份車縫。

2

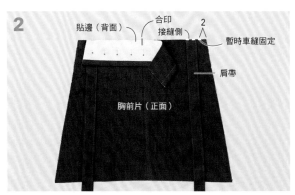

合印

貼邊（背面）

接縫側

2

暫時車縫固定

肩帶

胸前片（正面）

將肩帶暫時車縫固定在胸前片的接縫肩帶側。與**1**正面相疊，對齊中央的合印以珠針固定。

3

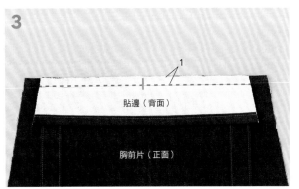

1

貼邊（背面）

胸前片（正面）

車縫貼邊。

4

胸前片（正面）

貼邊翻到正面，進行邊機縫。

肩帶

邊機縫

胸前片（正面）

三摺邊車縫
p.28
GO

5

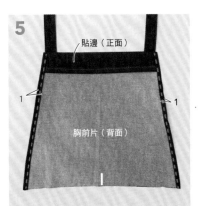

貼邊（正面）

1

1

胸前片（背面）

胸前片的兩脇邊依1cm→1cm寬度三摺邊車縫。

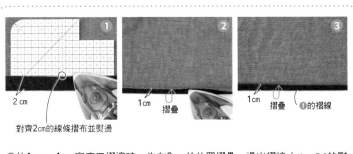

1

2cm

對齊2cm的線條摺布並熨燙

2

1cm

摺疊

3

1cm

摺疊

❶的褶線

❶依1cm→1cm寬度三摺邊時，先在2cm的位置摺疊，燙出褶線（➡p.34的熨燙板很方便）。❷展開褶線，將褶線對齊布端摺疊。❸再沿❶的褶線摺疊。

4 拼縫裙片並縫上口袋

1

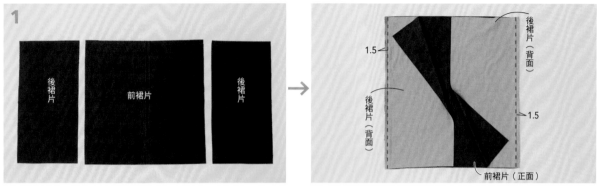

前‧後裙片正面相疊,車縫脇邊。

2

熨開縫份,參考右圖進行包邊縫。

包邊縫 p.29 GO

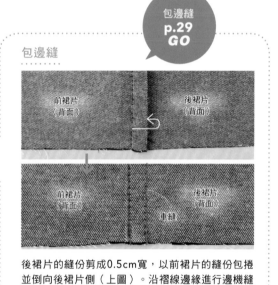

包邊縫

後裙片的縫份剪成0.5cm寬,以前裙片的縫份包捲並倒向後裙片側(上圖)。沿褶線邊緣進行邊機縫(下圖)。

3

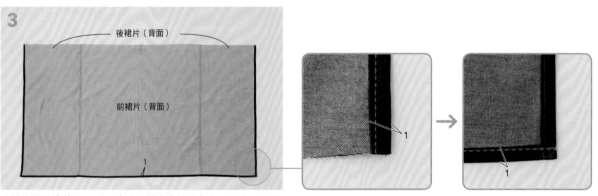

後裙片兩脇邊依1cm→1cm寬度三摺邊車縫(參考p.93)。下襬也同樣三摺邊車縫。

4

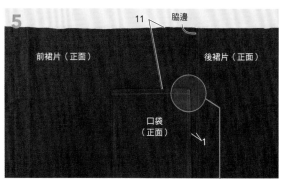

口袋口依1cm→1cm寬度三摺邊車縫。製作2片。

5

摺疊口袋三邊的縫份,縫在前裙片的兩脇邊。

先以雙面膠帶
固定會更好縫

5 抽縐&整理

1

粗針目的針趾設定為5mm長,
加強上線張力。

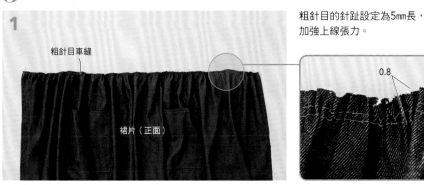

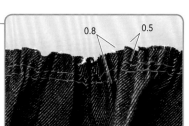

抽縐作法
p.43
GO

在腰部的縫份以粗針目車縫兩道,起點與終點都不需回針,上線
與下線留長一點。抽拉兩條上線均勻抽縐,寬度縮至78cm就將
線打結。

2

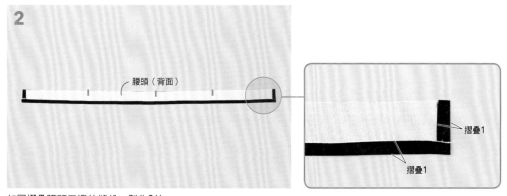

如圖摺疊腰頭三邊的縫份。製作2片。

3

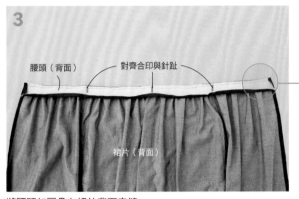

腰頭（背面）　對齊合印與針趾

裙片（背面）

1　車縫

將腰頭如圖疊在裙片背面車縫。

4

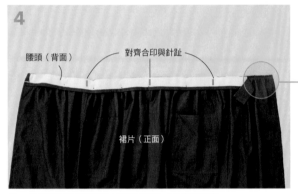

腰頭（背面）　對齊合印與針趾

裙片（正面）

另一片腰頭正面相對疊在裙片表側，以珠針固定。

5

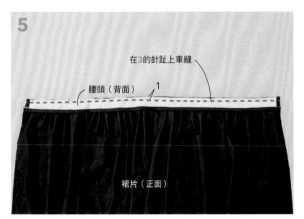

在3的針趾上車縫

腰頭（背面）　1

裙片（正面）

重疊3的針趾車縫。

6

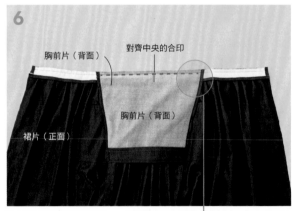

胸前片（背面）　對齊中央的合印

胸前片（背面）

裙片（正面）

胸前片與裙片正面相疊，
重疊5的針趾車縫。

1

7

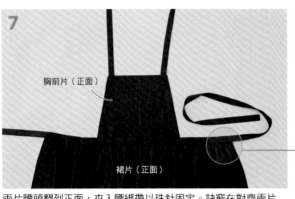

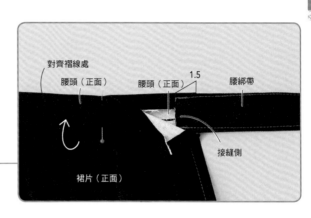

胸前片（正面）

裙片（正面）

對齊褶線處
腰頭（正面）
腰頭（正面）
1.5
腰綁帶
接縫側
裙片（正面）

兩片腰頭翻到正面，夾入腰綁帶以珠針固定。訣竅在對齊兩片腰頭的褶線處。

8

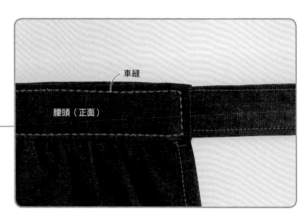

胸前片（正面）

裙片（正面）

車縫
腰頭（正面）

另一側作法相同，以珠針固定腰綁帶，車縫腰頭。

9

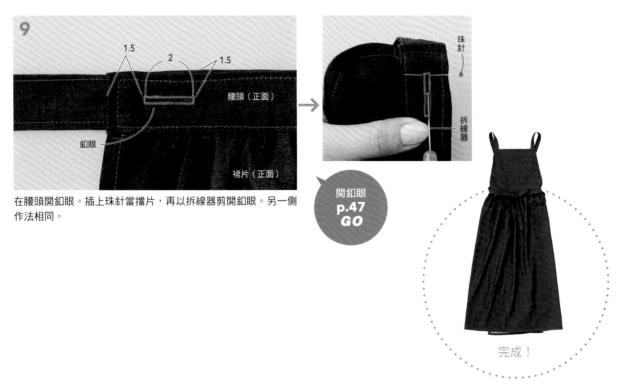

1.5   2   1.5
腰頭（正面）

釦眼

裙片（正面）

珠針

拆線器

在腰頭開釦眼。插上珠針當擋片，再以拆線器剪開釦眼。另一側作法相同。

開釦眼
p.47
GO

完成！

完成尺寸：約長16.5×21cm

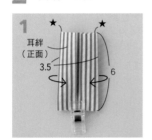

縫上兩條拉鍊，可分類收納的輕便扁平包。

做做看！

防水波奇包

使用具有防潑水力的防水布製作波奇包，很適合收納化妝品及沐浴品。暫時固定時以強力夾代替珠針，若送布不順，可疊上描圖紙或是換上皮革壓布腳車縫。

| 回針縫 | 防水布 | 拉鍊 |

材料
本體・耳絆用防水布60×20cm、口袋用防水布25×20cm、
20cm 拉鍊2條、布標1片

使用的壓布腳

基本壓布腳
（萬用壓布腳）
或皮革壓布腳

單邊
壓布腳

1 裁剪各部件

依標示尺寸，原寸裁剪所有部件。

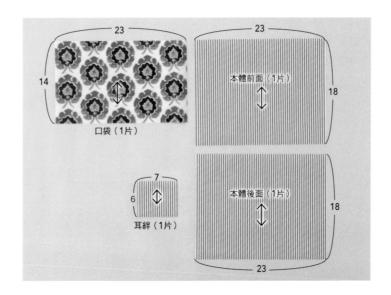

23
14
口袋（1片）

23
本體前面（1片）
18

7
6
耳絆（1片）

本體後面（1片）
18

23

2 製作耳絆

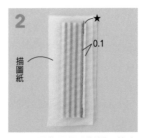

1
耳絆
（正面）
3.5
6

兩脇邊往內側摺疊。

防水布縫法
p.38
GO

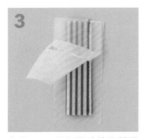

2
描圖紙
0.1

再背面相向對摺，換上皮革壓布腳或以描圖紙包夾車縫。

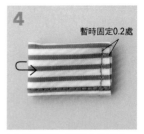

3

參考p.42的好辦法移除描圖紙。

4
暫時固定0.2處

如圖般對摺，暫時車縫固定。

3 製作口袋

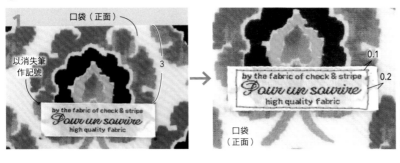

口袋（正面）

以消失筆作記號

3

0.1

0.2

口袋（正面）

從口袋上方的中央向下0.3cm處放上布標，車縫四周。推薦使用會自然消失的消失筆在防水布上作記號。

2

拉鍊（背面）

口袋（正面）

0.5

1.5

換上單邊壓布腳，將口袋與拉鍊正面相疊車縫。

拉鍊縫法
p.48
GO

3

拉鍊（正面）

口袋（正面）

0.1

壓線

拉鍊翻到正面，在褶線壓線。

4 製作本體&整理

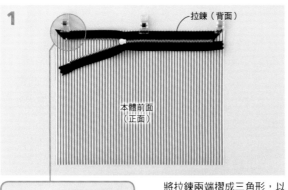

1

拉鍊（背面）

本體前面（正面）

1.5

只是簡單摺疊拉鍊端也OK

將拉鍊兩端摺成三角形，以強力夾固定於本體前面。

2

拉鍊（背面）

本體前面（正面）

0.5

車縫拉鍊。

99

3

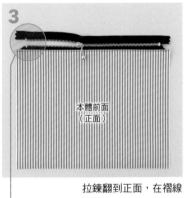

拉鍊翻到正面，在褶線壓線。

若送布不順可重疊描圖紙車縫。

4

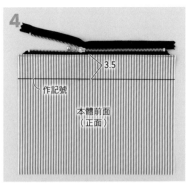

3.5

作記號

本體前面（正面）

在本體前面的褶線向下3cm處作記號。

5

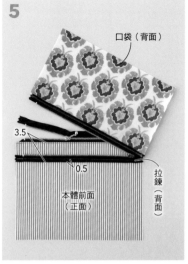

口袋（背面）

3.5

0.5

拉鍊（背面）

本體前面（正面）

口袋的拉鍊端對齊**4**的記號，將本體前面與拉鍊正面相疊車縫。

6

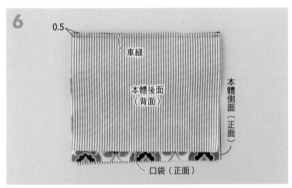

0.5

車縫

本體後面（背面）

本體側面（正面）

口袋（正面）

將本體前面的拉鍊與本體後面正面相疊車縫（拉鍊兩端的收摺與**1**相同）。

7

本體後面（正面）

0.1

拉鍊翻到正面，在褶線壓線。

8

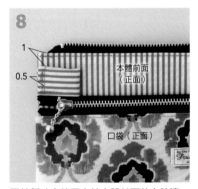

1

0.5

本體前面（正面）

口袋（正面）

耳絆暫時車縫固定於本體前面的左脇邊。

9

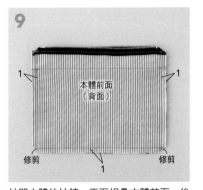

1

本體前面（背面）

1

修剪

1

修剪

拉開本體的拉鍊，正面相疊本體前面．後面，車縫脇邊與底。斜向修剪底角縫份，翻到正面整理。

完成！

完成尺寸：約長40× 30cm 側身約11cm
各部件尺寸 **p.125**
附原寸紙型

肩背帶及背部與身體接
觸面都貼上緩衝用接著
鋪棉，即使物品很重也
能減輕身體負擔。

背部側放筆電的口袋
使用壓棉布，有厚度
滑鼠就放在附側身的
口袋內。

做做看！

頂層拉鍊後背包

本款大尺寸後背包融合了書中介紹的各種技巧。
步驟稍多，完成度卻很高，充分領略機縫的樂趣。

回針縫	邊機縫	車縫高低差
暫時車縫固定提把		滾邊
拉鍊	帆布	

材料
前側面表布・後側面b・口布・底表布・肩背帶・提把・
外口袋表布・尾片 布繩100×80cm、後側面a・口袋蓋
35×65cm、後內口袋表布用壓棉布35cm 四方、裡布・
前內口袋・拉鍊口袋110×90cm、接著鋪棉90×45cm、
寬2.5cm 織帶90cm、寬2cm 兩摺斜布條130cm、寬1m 緞
帶85cm、38cm拉鍊1條、20cm 拉鍊1條、寬2.5cm 日型
環2個、直徑1.4cm 磁釦（手縫式）1組

使用的壓布腳

基本壓布腳 （萬用壓布腳）	單邊 壓布腳

1 照參考**p.125**裁剪各部件

2 製作各部件

(**外口袋**)

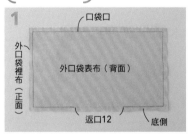

1 口袋口 / 外口袋裡布（正面）/ 外口袋表布（背面）/ 返口12 / 底側

外口袋表布與裡布正面相疊，預留返口車
縫。

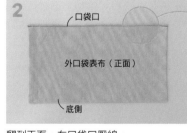

2 口袋口 / 外口袋表布（正面）/ 底側 / 0.5

翻到正面，在口袋口壓線。

邊機縫
p.25
GO

3 外口袋裡布（正面）/ 1.5 / 1.5 / 摺線 / 外口袋表布（正面）/ 摺線

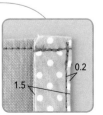

0.2 / 1.5

將**2**的兩端如圖摺疊1.5cm，於摺線進行
邊機縫。

4 外口袋表布（正面）/ 1.5 / 1.5

3的摺線 / 1.5 / 邊機縫 / 0.2

再如圖摺疊1.5cm，於摺線進行邊機縫。

（口袋蓋）

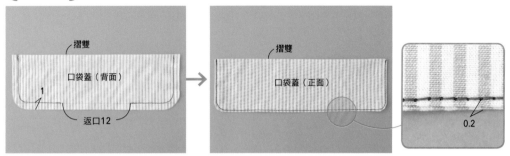

口袋蓋正面相向對摺，預留返口車縫。翻到正面進行
邊機縫。

（前內口袋）

1

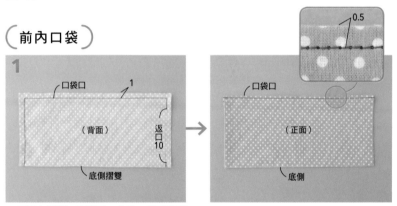

正面相向對摺，預留返口車縫。翻到正面，
在口袋口壓線。

2

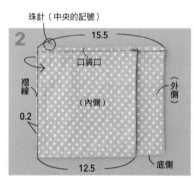

如圖對摺，於褶線進行邊機縫。

3

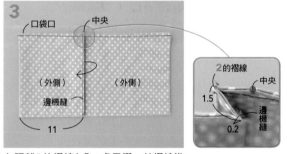

在距離**2**的褶線1.5cm處反摺，於褶線進
行邊機縫。

4

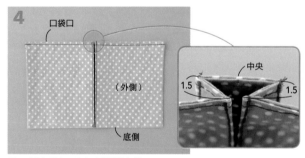

另一側也依**2**・**3**左右對稱車縫。

（拉鍊口袋）

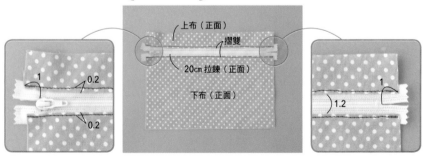

上布與下布各自背面相向對摺，與拉鍊重
疊車縫。

（後內口袋）

1

口袋口

裡布（正面）

表布（背面）

底側

表布與裡布正面相疊，預留口袋口車縫，翻到正面。

2

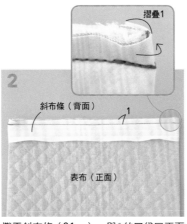

摺疊1

斜布條（背面）

1

表布（正面）

攤平斜布條（31cm），與**1**的口袋口正面相疊車縫（斜布條的兩端往裡布側摺疊1cm）。

3

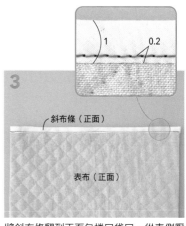

1   0.2

斜布條（正面）

表布（正面）

將斜布條翻到正面包捲口袋口，從表側壓線，進行滾邊。

滾邊
p.56
GO

（布繩）

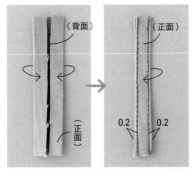

（背面）

（正面）

（正面）

0.2   0.2

背面相對如圖摺四褶，於長邊進行邊機縫。製作2條。

（提把）

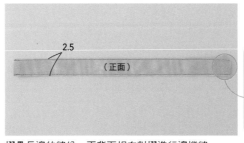

2.5

（正面）

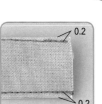

0.2

0.2

摺疊長邊的縫份，再背面相向對摺進行邊機縫。製作2條。

邊機縫
p.25
GO

（肩背帶）

1

②

（背面）

②

①

①

依①②的順序摺疊兩邊的縫份。

2

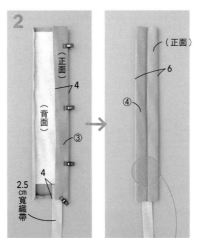

（正面）

（背面）

4

③

4

2.5cm寬織帶

（正面）

6

④

0.2

將2.5cm寬織帶（45cm長）疊至中央，依③④的順序摺疊長邊壓線。左右對稱再製作1條。

3

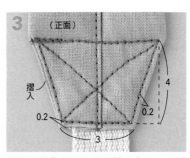

（正面）

摺入

0.2   0.2

4

3

將接縫織帶側的兩個角摺入內側，如下圖的順序壓線（起點不回針，終點需回針）。

起點

整齊處理線頭的方法
p.72
GO

3 製作口布

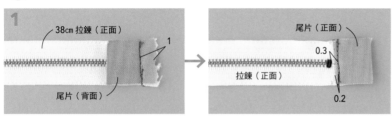

拉鍊的上耳與尾片正面相疊車縫,翻到正面壓線。
上耳側作法相同。

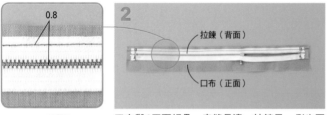

口布與1正面相疊,車縫長邊。拉鍊另一側也同樣車縫在口布上。

拉鍊縫法
p.48
GO

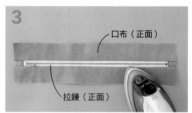

翻到正面,縫份倒向口布側,以熨斗整燙。

4 製作表布

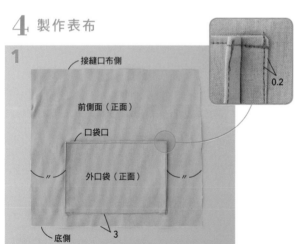

外口袋疊至前側面,依兩脇邊、底的順序車縫。車縫脇邊要避開側身,底則是在摺疊脇邊側身的狀態下車縫。

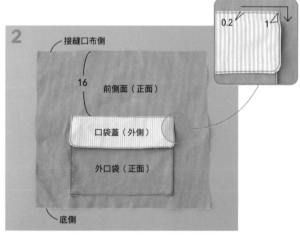

將口袋蓋疊至1上車縫。在兩脇邊上方車縫1cm,打開口袋時,口袋蓋就不會捲起來。

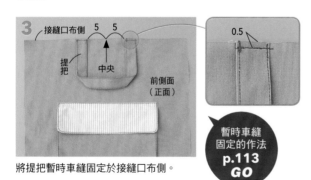

將提把暫時車縫固定於接縫口布側。

暫時車縫
固定的作法
p.113
GO

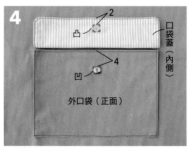

在3的口袋蓋與外口袋縫上磁釦。

5

接縫口布側

後側面a（正面）

布繩

1.5

底側

0.5

2

0.5

將布繩暫時車縫固定於後側面a。

6

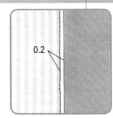

接縫口布側

後側面a（正面）

車縫

後側面b（背面）

底側

接縫口布側

後側面a（正面）

後側面b（正面）

底側

0.2

後側面b與**5**正面相疊車縫。翻到正面，縫份倒向後側面a側進行壓線。另一側作法相同。

7

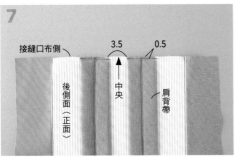

接縫口布側

3.5   0.5

中央

後側面（正面）

肩背帶

肩背帶暫時車縫固定於**6**。

8

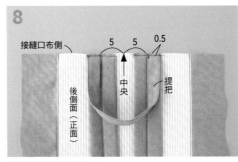

接縫口布側

5   5   0.5

中央

後側面（正面）

提把

提把暫時車縫固定於**7**。

9

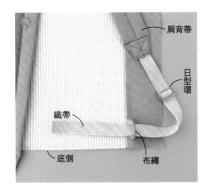

肩背帶

日型環

織帶

底側   布繩

肩背帶的織帶部分先穿入日型環，再穿過布繩。

10

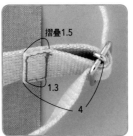

摺疊1.5

1.3

4

織帶再依箭頭方向穿過日型環，摺疊末邊機縫固定。另一邊作法相同。

車縫高低差的訣竅
p.37
GO

105

5 製作裡布

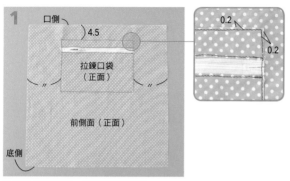

1 口側　4.5　拉鍊口袋（正面）　前側面（正面）　底側　　0.2　0.2

拉鍊疊至前側面，暫時車縫固定。

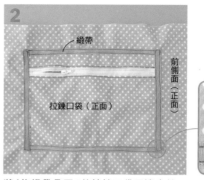

2 緞帶　拉鍊口袋（正面）　前側面（正面）　摺疊1

將4條緞帶疊至**1**的拉鍊口袋四邊車縫。
先車縫上下側的緞帶，接著將緞帶兩端摺
疊1cm縫到兩脇邊上。

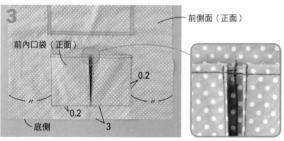

3 前側面（正面）　前內口袋（正面）　0.2　0.2　底側　3

前內口袋疊至**2**上，依序車縫口袋中央、
脇邊及底部。

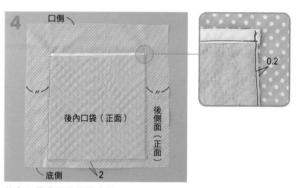

4 口側　後內口袋（正面）　後側面（正面）　底側　2　0.2

後內口袋疊至後側面車縫。

6 整理

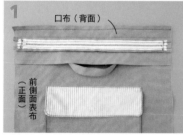

1 口布（背面）　前側面表布（正面）

前側面表布與口布正面相疊車縫。

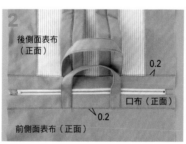

2 後側面表布（正面）　口布（正面）　前側面表布（正面）　0.2　0.2

後側面表布也依**1**車縫，翻到正面，縫份
倒向側面側，進行壓線。

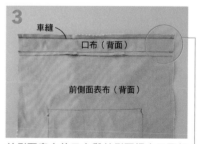

3 車縫　口布（背面）　前側面表布（背面）

前側面表布的口布與前側面裡布正面相
疊，車縫**3-2**的針趾位置。

前側面裡布（正面）　前側面表布（背面）

翻到正面，進行壓線。

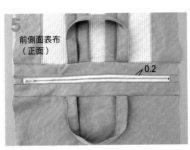

依3・4車縫後側面。

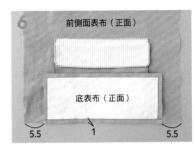

前側面表布與底表布正面相疊車縫。

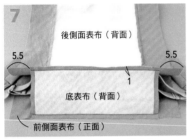

後側面表布與底表布正面相疊車縫。

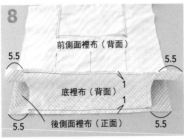

依6・7縫合側面裡布與底裡布。

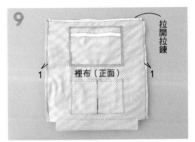

表布與裡布背面相疊。整理形狀，從裡布側車縫兩脇邊。此時要拉開拉鍊。

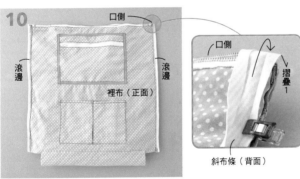

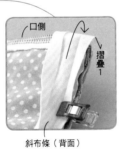

依p.103後內口袋作法將9的縫份滾邊。口側的斜布條端往後側摺疊1cm。

滾邊
p.56
GO

將10的滾邊倒向後側面，對齊脇邊與底車縫側身。側身也比照脇邊進行滾邊（斜布條兩端摺疊1cm包捲）。翻到正面，完成。

完成！

Handmade question and answer
將惱人的機縫問題一掃而空！

看了說明書但還是似懂非懂，好想知道熟練運用縫紉機的要領！
把這些動不動就讓大家在作業途中停下腳步的困擾與各種疑問，
一併在這裡解決吧！

縫紉機篇

Q 車針與梭子要買哪個品牌比較好？

A 車針都OK！梭子最好買品牌專屬的商品。

車針有一定規格，什麼品牌都可以。請依縫紉機是家用或專業用縫紉機來準備車針。至於梭子，水平旋梭占大多數的家用縫紉機，梭子是塑膠製，在日本百圓商店等也可買到，但如果高度或重量不一樣，不僅會影響針趾，還可能導致機器故障。使用正貨才安心。

Q 什麼是「壓布腳壓力」？

A 車縫時壓布腳穩固布料的強度

壓布腳壓力是指壓布腳穩固布料的強度。薄布與針織等減弱壓力，厚布加強壓力，與送布齒一起夾送布料。有的機種有調節功能，當無法順利前進車縫，有時可藉由調節壓布腳壓力獲得解決。

Q 送布齒為何會磨損？

A 放下壓布腳的衝擊或是咬到珠針等造成磨損。

推送布料的送布齒（➡p.11），會因為壓布腳抬起放下的衝擊，或是車縫時未適時拔下珠針造成磨損，進而引發送布力變差、針趾不良等問題，請注意。一旦出現無法依設定的針趾長度車縫、布料滑動或卡住等送布不正常，原因可能出在送布齒磨損，請送至專業店家修理。

Q 車針歪掉的原因？

A 車針是消耗品。當車縫時出現噪音就該換新。

車縫時發出噪音或出現跳針，很可能是針尖損壞。車針碰撞拉鍊鍊齒或珠針等硬物也會歪掉破損，請換掉。將車針當成消耗品，建議縫製5件上衣，或是1件外套或西裝就該汰舊換新。

Q 線張力一直設定成強度會出現什麼狀況？

A 線張力強，布本身會皺縮，線張力縫線容易糾結。

當縫紉機的上線與下線約在布的正中央交結表示張力正常。水平旋梭的家用縫紉機只能調整上線張力，所以p.18僅說明上線太強或太弱的狀況，但是上線與下線的張力都太強或太弱也是NG的。兩者張力均強會使布料皺縮，兩者張力均強則彼此交結力量，會出現浮線問題。為了找到適當張力，試縫變得很重要。

上下線張力均強

上下線張力均強，布料受到拉扯呈現波浪狀。

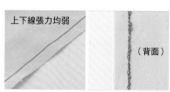

上下線張力均弱

（背面）

上下線張力均弱，上線乍看正常，但翻到背面可看到下線鬆成一圈圈。

Q 「線輪蓋」是絕對必要的嗎？

A 對於防止纏線有幫助。

如果沒有正確以線輪蓋（➡p.15）壓緊線輪，萬一上線鬆脫而纏在線輪柱或線輪上，就會造成斷線或車針歪掉。線輪蓋要大於線輪，最重要的是套入後要壓到底。

大　　　中　　　小

線輪蓋

中

選擇比線軸直徑大的線輪蓋。200m/卷的線輪適用中尺寸以上的線輪蓋。

OK　　　NG　　　NG

大　　　中　　　小

300m/卷的大線輪就用大尺寸線輪蓋。中・小尺寸比線輪的直徑小，不適合。

Q 裡側的針趾為什麼不整齊？

A 請再次確認上線和下線的穿法。

表側的針趾是整齊的，裡側卻歪歪斜斜的，可能有幾個原因。底下整理出五項，現在就來一一確認吧！重新穿上線時，記得一定要抬高壓布腳（➡p.15）。

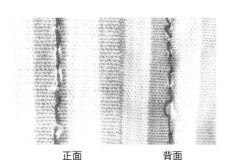

正面　　　　　背面

CHECK 檢查項目

- ・有正確穿上線嗎？
- ・線輪蓋有確實壓緊嗎？
- ・梭子是正貨嗎？
- ・有整齊的捲下線嗎？
- ・安裝下線的方向正確嗎？

Q 縫紉機內建的花樣縫要怎麼活用才好？

A 讓素面布時尚轉身。

很推薦在製作幼兒園包或上課包時活用可愛的花樣縫，當成孩子的標記。另外，以花樣縫裝飾簡約布料製作的波奇包，效果也很棒。搭配金蔥及段染線也是一個重點。

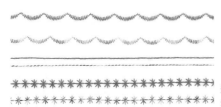

造型素雅的裝飾縫。利用金蔥及段染線增添華美氛圍。

會出現什麼顏色呢？使用段染線的樂趣就在縫好才知道。豐富色彩可供選擇。／#50 キングスター（king star）複合色

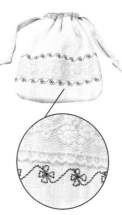

機縫刺繡的連續小花圖案，讓素色的束口包大變身！

Q 縫紉機運轉變差，需要上油保養嗎？

A 家用縫紉機不需上油保養。

家用縫紉機已預先塗布運作所需的油，只要定期運轉（車縫），油就會循環的構造。至少2至3個月使用一次，一次至少轉動5分鐘。專業用縫紉機有的需要使用者上油，請閱讀使用說明書加以確認。

Q 縫紉機從最貴的到便宜的都有，很難選擇……

A 覺得困擾時可將大小或重量列為評估重點。

往往會因為馬力太強大有壓力而選擇輕量型縫紉機，但是太輕有時車縫厚布連機器本身都會晃動。大且重，相對也比較有力，針趾穩定。若未來會頻繁使用，建議挑選7g以上機種。擁有直線縫、Z字縫、開釦眼及自動調整線張力功能的話大都能車縫。

Q 使用說明書太難理解，無法消化。

A 建議參加研習會。

建議參加由縫紉機製造商舉辦的研習活動。因為是這方面的專家，可以協助解惑或給予更多指導。當面示範說明，對於了解機縫深奧，擴大使用範圍會有很大幫助。

Q 想當下解決縫紉機問題，該怎麼做？

A 可以請託專業店家的工作人員。

如果當地就有專門店家等，可以和工作人員建立友好關係。他們擁有豐富的知識，一旦有狀況真的值得信賴。當縫紉機狀況不佳而不知如何是好，有時業者只是透過電話說明，也能提出準確的建議。

Q 保管縫紉機有何注意事項？

A 請阻隔灰塵與濕氣。

縫紉機因為靜電關係，很容易吸附布屑與灰塵，不用時最好蓋上隨附的防塵罩或包袱巾等蓋上。同時不要放在溫度變化大或會結露的位置。結露會導致金屬部分生鏽，電腦零件也受損。收進櫥櫃時也需比照棉被或衣服做好除濕。

Q 努力了老半天還是無法順利車縫。

A 試著讓縫紉機降溫。

家用縫紉機是以電腦控制，如果超出預期的用法維持續太久，機器常會過熱出問題。試著重新設定並靜置一晚，有時隔天就能順利運轉。無法好好車縫而心生焦慮的使用者，和機器一起冷靜下來不失為上策！

手作困擾篇

Q 返口大約留多大才適合？

A 小物約5至8cm，大件作品約10至15cm。

依作品而異，薄布與小物約5至8cm，厚布與大件作品約10至15cm。返口太小，會不好翻面，返口太大，收口時會比較吃力。

Q 從一端車縫到另一端是什麼意思？

A 就是從布端車縫到另一布端。

作法說明中的「將布從一端車縫到另一端」「從記號車縫到另一記號」，意思如下圖所示。雖說是布邊，但車針未剛好落在布端也沒關係。不同的縫法會左右之後的作業程序，請務必依指示車縫。

從一端到另一端（從縫份到另一縫份）

完成線

從記號到另一記號（從完成線到另一完成線）

完成線

Q 若是車縫一圈，不作回針也OK嗎？

A 對，不回針也沒關係。

因為針趾重疊變厚，回針部分往往就是比較顯眼。若要避免從表側看到的部分顯得突兀，不回針可讓成品工整美觀。車縫一圈時在起點重疊縫二、三針能預防綻線。還是不放心就只在最後回針縫3針。

Q 表袋與裡袋無法對齊縫合（哭哭⋯⋯）

A 將易延展布料製作的袋身放在下方車縫。

重疊兩片布縫合時，位於上方的布往往會多出來，原因在下方的布貼著送布齒而送得比較快。因此在對齊不同素材的表袋與裡袋車縫口側四周，將布料易延展的一方置於下方，大部分都會剛剛好。相同素材的表袋與裡袋則可用錐子輔助上側送布。如果做了很多嘗試尺寸還是不合，重新將裡袋做的稍小也是一個方法。

A

裡袋

表袋

B

裡袋

表袋

A 表裡布為不同素材

不易延展的布

易延展的布

↓

OK

活用送布齒的力量抵銷延展差異，剛好對齊縫合。

B 表裡為相同素材

直接車縫的話⋯⋯

在上面的布變得鬆弛

↓

縫後出現皺褶

NG

若輔助送布⋯⋯

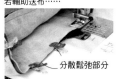

分散鬆弛部分

↓

以錐子送布

↓

未起皺的漂亮縫合

OK

對齊脇邊或合印等以強力夾（或珠針）固定，盡可能分散鬆弛，再依箭頭方向以錐子送布車縫。

Q 想知道配合布料選擇車線顏色的方法。

A 淺色布配顏色更淺的線，深色布配顏色更深的線。

基本上是車線與布料同色。若無同色車線，淺色布搭配顏色更淺的線，深色布配顏色更深的線會比較和諧。圖案布就以顏色占最多（大面積）的，或是可成為亮點的顏色來選擇車線。參考圖片，將車線拉長放到布上比對，更能一目瞭然。

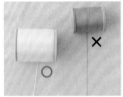

淺色布

濃色布

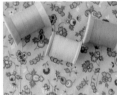

圖案布

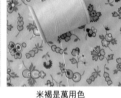

這些顏色都OK　　　　米褐是萬用色

Q 可以自行調整拉鍊長度嗎？

A 簡單就能改造。

金屬拉鍊及塑鋼拉鍊需要工具並費點功夫才能改變長度。至於線圈拉鍊及FLATKNIT拉鍊用剪刀就能輕鬆辦到。以長20cm拉鍊改成17cm為例做說明。

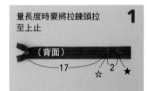

量長度時要將拉鍊頭拉至上止
（背面）
17　2
☆　★

1 從拉鍊上止算起，分別在17cm（☆）與19cm（★）處作記號。

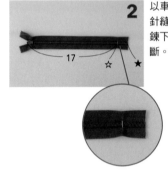

17
☆　★

2 以車縫或手縫方式回針縫☆位置，取代拉鍊下止。在★位置剪斷。

Q 漂亮車縫弧線有何竅門？

A 方法有在縫份剪牙口或縮縫。

布片正面相疊車縫弧線，翻到正面後有時會產生皺縮，或是縫份重疊處變僵硬。原因出在弧線部分的縫份在內側交疊，改善方法是於弧線部分的縫份剪牙口。另外，縮縫縫份再抽拉縫線也能製作漂亮弧線。

一般布　　　　　　　　　厚布

間隔約1cm剪牙口，深度為縫份的2/3。

在弧線的縫份上剪三角形牙口，翻到正面就可減少布料重疊。

縮縫

（背面）
縮縫

（背面）
止縫結
輕拉縫線

（正面）

在縫份進行縮縫。　　　　配合弧度抽拉縫線，摺疊縫份並打止縫結。　　　　翻到正面整理形狀。

Q **如何疊上帆布提把車縫？**

A **試試以雙面膠帶取代強力夾固定。**

製作帆布包等要在無法使用強力夾的位置暫時固定提把時，雙面膠帶是便利工具，而且是貼在非車縫位置，這樣車縫提把時車針才不會沾粘接著劑。不希望留下珠針針孔的尼龍布或防水布也很好用。

雙面膠帶

Q **暫時固定與疏縫有何差異？**

A **暫時固定不一定要用縫的，疏縫則是以手縫進行。**

兩者都是在平針縫之前的作業。暫時固定是決定位置以強力夾固定或是車縫以防位移。疏縫則是為避免重疊的布片錯位，先以手縫線手縫固定。進行疏縫就不必用珠針，後續也比較好作業。

暫時固定

在靠近完成線的位置暫時車縫固定

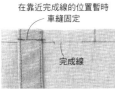

完成線

暫時固定

在疊上裡布之前先暫時固定拉鍊

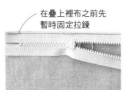

將包包的提把暫時固定在本體上。為防歪斜，先在靠近縫份上的完成線處車縫。

拉鍊夾在表布及裡布之間車縫時，先車縫完成線的外側（➡p.15）。

疏縫

好痛！

疏縫

以車縫弧線為例，當密集插上許多珠針，不但難以移動，還可能扎到手。換成疏縫，可以確實固定布片，便於作業又能減少位移的擔心。

Q **縫出漂亮轉角有什麼訣竅？**

A **轉角縫法與修剪縫份的小撇門！**

作品的轉角到位，整體美觀度會隨之升級。車縫時讓轉角保持餘裕，或是在翻到正面前修剪縫份，減少重疊，都是訣竅所在。

縫成L形時

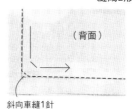

（背面）

斜向車縫1針

從脇邊續縫到底部時，在轉角的前一針暫停，接著斜向車縫轉角。不直接縫轉角而留下一點餘裕，翻到正面就會漂亮整齊。

↓

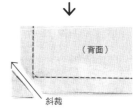

（背面）

斜裁轉角縫份

斜裁

將底部對摺車縫時

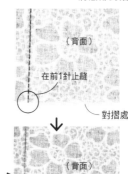

（背面）

在前1針止縫

對摺處

只車縫脇邊時，在對摺處的前1針止縫並回針。同樣不縫到轉角、保留餘裕，即使不用錐子也能翻出漂亮底角。

↓

（背面）

斜裁

對摺處

只斜裁脇邊縫份。

Q 如何車縫斜向布片？
A 可以善用牽條。

布會斜向的（與布耳呈45°角）延展，因此縫成弧線或斜向時，稍不留神針趾就會歪歪扭扭的。可事先於縫份貼上牽條作為因應。也適用針織布或羊毛布等具伸縮性的素材。

NG

OK

布料延展變得皺巴巴

GOOD!

編織型，不損傷布料質地。以燙斗黏貼。牽條10mm寬×25m／卷 Clover

牽條

Q 煩惱縫份該倒向哪一側⋯⋯
A 依款式而異，基本上是倒向不要太顯眼的部分。

當布料薄到接近透明，基本上縫份是倒向深色位置。覺得困惑時，記得就倒向不想太醒目的那一側。包包側面若有拼接，縫份倒向底側給人穩定感。有加上口布的設計，倒向口布側會略微鼓起。

側面加上拼接時

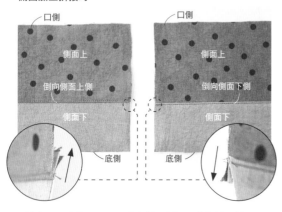

口側　　　　　　　口側

側面上　　　　　　側面上

倒向側面上側　　　倒向側面下側

側面下　　　　　　側面下

底側　　　　　　　底側

縫合側面上與側面下，會在縫份倒向側的褶線壓線。右圖的側面下略微鼓起，展現穩定感。

接縫口布時

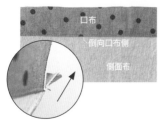

口布

倒向口布側

側面布

縫份倒向口布側，並於褶線壓線，口布側看起來會略微鼓起。

Q 在滾邊條上壓線，要怎麼做才能確實包好斜布條？
A 留意珠針刺入的方式，確實遮住針趾。

滾邊時很重要的是確實遮住裡側的針趾。將珠針垂直刺入，將裡側的斜布條往下拉的遮蓋針趾。

1
從針趾旁刺入
（正面）

斜布條包捲縫份翻到表側車縫後，從表側以珠針垂直刺入針趾旁（參考p.56「滾邊」）。

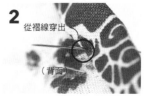
2
從褶線穿出
（背面）

於裡側斜布條的褶線穿出。珠針若是垂直刺入，就能遮住一開始的針趾。

3
珠針直接朝下
（正面）

珠針朝本體下側挑布穿出正面。這樣可以將裡側的斜布條布向下拉，遮住針趾。

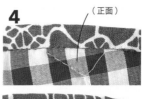
4
（正面）

（背面）

看著表側車縫。不論是在斜布條上面或旁邊壓線，都能確實包住裡側的斜布條，不會偏離。

How to make 作法

- 插圖內的數字以cm為單位。

- 材料的○×○cm代表寬×長。

- 用量是預留一點餘裕的尺寸。

- 標示「附原寸紙型」的作品,部分或所有部件使用隨附的原寸紙型製作。未附原寸紙型的作品,因為部件是直線裁,請依解說圖內的尺寸自行製作紙型,或是直接在布上畫線裁剪。

p.58
圍兜兜

材料

表布20cm四方、裡布25cm四方、
4cm寬斜布條155cm

完成尺寸：約高22×23cm

附原寸
紙型

表布（正面）

暫時車縫固定

0.5

1 不加縫份的原寸裁剪表布與裡布，背面相疊，暫時車縫固定四周。

參照**p.58**於本體外圍接縫斜布條。

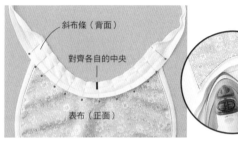

斜布條（背面）

對齊各自的中央

表布（正面）

2 將斜布條（80cm）疊在表布的領圍，正面相對以珠針密集固定。先沿著領圍弧度摺疊斜布條整燙，之後會比較容易車縫固定。

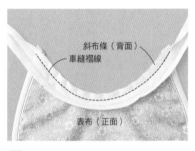

斜布條（背面）
車縫褶線

表布（正面）

3 在斜布條的褶線上車縫。

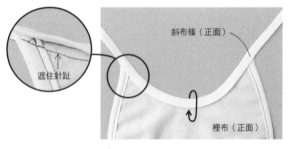

遮住針趾

斜布條（正面）

裡布（正面）

4 斜布條翻到正面，包捲縫份並遮住**3**的針趾。

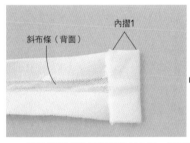

內摺1

斜布條（背面）

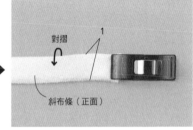

對摺

1

斜布條（正面）

5 摺疊延長成脖子綁繩的斜布條。端部內摺1cm。

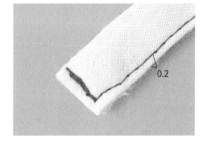

0.2

6 看著表布表車縫脖子綁繩及領圍，從斜布條的一端車縫至另一端。

完成！

p.59
鋪棉收納籃

材料
表布用壓棉布60×35cm、4cm寬斜布條60cm、
2.5cm寬人字帶60cm

完成尺寸：底部直徑約13×高12cm

附原寸
紙型

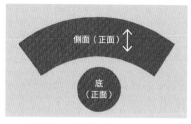

1 以壓棉布裁剪側面與底，各1片。

參考p.59車縫側面，並以斜布條包
捲縫份。

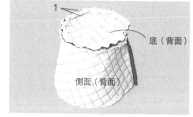

2 側面與底正面相疊車縫。

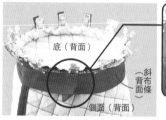

3 將斜布條如圖疊至側面，以強力
夾固定。此時斜布條的褶線在2的
針趾外側（縫份側）。

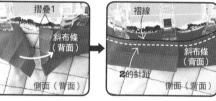
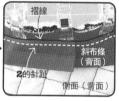

4 車縫斜布條的褶線。

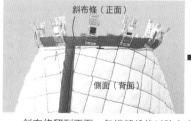

5 斜布條翻到正面，包捲縫份後以強力夾固定。
包捲時要遮住4的針趾。

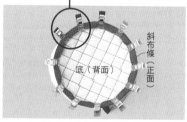

6 車縫斜布條。

7 直線部分以人字帶或緞帶取代斜布條，對摺包捲縫份
也OK。口側縫份以織帶包捲，末端內摺1cm再重疊
1.5cm。

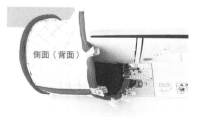

8 正面在內側，如圖看著正面車縫。翻
到正面，整理形狀。

完成！

p.64
毛球花邊
迷你托特包

材料

本體表布・提把70×40cm、外口袋表布・本體裡布65×30cm、外口袋裡布15cm四方、裝飾布a 15cm四方、裝飾b 15×10cm、裝飾布c 15cm四方、接著襯15×25cm、直徑1.5cm 毛球花邊50cm

完成尺寸：約高21×23cm

☆除指定處之外縫份皆為1cm

1 ： 製作各部件

〔外口袋〕

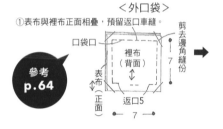

①表布與裡布正面相疊，預留返口車縫。
<外口袋>
剪去邊角縫份
口袋口
裡布（背面）
表布（正面）
返口5
7
7

③在口袋口壓線
表布（正面）
②翻到正面，縫合返口。

參考 p.64

〔提把〕

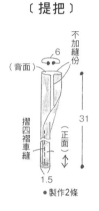

不加縫份
（背面）
6
摺四摺車縫
（正面）
31
1.5
●製作2條

〔裝飾布〕

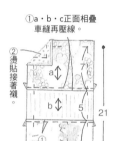

①a・b・c正面相疊車縫再壓線。
②燙貼接著襯。
a
b
c
7
5
9
21
9
（正面）

2 ： 製作表袋與裡袋

〔表袋〕

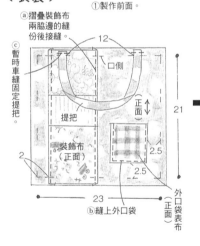

①製作前面。
ⓐ摺疊裝飾布兩脇邊的縫份後接縫。
ⓒ暫時車縫固定提把。
12
口側
提把
（正面）
裝飾布（正面）
21
2
23
ⓑ縫上外口袋
2.5
2.5
外口袋表布（正面）

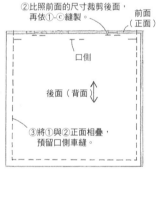

②比照前面的尺寸裁剪後面，再依①-ⓒ縫製。
前面（正面）
口側
後面（背面）
③將①與②正面相疊，預留口側車縫。

※比照表布的尺寸裁剪裡袋，作法與③相同（但在底部預留10cm返口）。

3 ： 整理

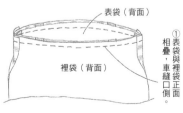

表袋（背面）
裡袋（背面）
①表袋與裡袋正面相疊，車縫口側。

毛球花邊（48cm）
裡袋（正面）
摺疊1
③毛球花邊疊至口側周圍，以藏針縫固定。
②翻到正面，在口側周圍壓線。
表袋（正面）
②翻到正面，縫合返口，在口側周圍壓線。

邊機縫 p.25 GO

p.65

男士風彈片
口金波奇包

完成尺寸：約高13×14cm 側身寬約6cm

附原寸
紙型

材料

側面表布50×20cm、口布‧底表布75×15cm、裡布30×40cm、接著襯70×20cm、寬12cm 附掛鉤彈片口金、附問號鉤提把、喜愛的配飾

☆除指定處之外縫份皆為1cm

1 製作口布

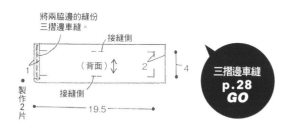

將兩脇邊的縫份三摺邊車縫。

接縫側

（背面）

接縫側

製作2片

19.5

4

三摺邊車縫
p.28
GO

2 製作裡袋

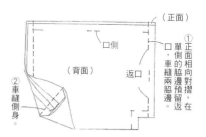

（正面）

口側

（背面）

返口

① 正面相向對摺，在口‧側的脇邊預留返口，車縫兩脇邊。

② 車縫側身。

3 製作表袋

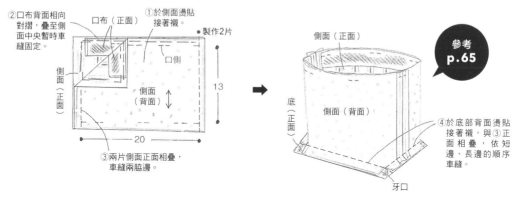

② 口布背面相向對摺，疊至側面中央暫時車縫固定。

口布（正面）

① 於側面燙貼接著襯。

製作2片

口側

側面（正面）

側面（背面）

13

20

③ 兩片側面正面相疊，車縫兩脇邊。

側面（正面）

底（正面）

側面（背面）

牙口

參考
p.65

④ 於底部背面燙貼接著襯，與③正面相疊，依短邊、長邊的順序車縫。

4 整理

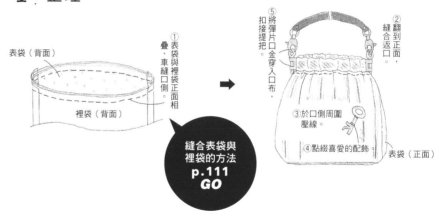

表袋（背面）

裡袋（背面）

① 表袋與裡袋正面相疊，車縫口側。

縫合表袋與裡袋的方法
p.111
GO

⑤ 將彈片口金穿入口布，扣接提把。

② 翻到正面，縫合返口。

③ 於口側周圍壓線。

④ 點綴喜愛的配飾。

表袋（正面）

p.66
骰子風立方包
....

完成尺寸：約寬20×深20×高20cm

材料
側面表布b・內口袋・裡布75四方、
側面表布a 50×30cm、底表布・提把50×35cm、
直徑2cm 毛球10顆

☆除指定處之外縫份皆為1cm

---

1 製作各部件

〔提把〕

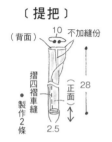

（背面） 10 不加縫份

摺四褶車縫
・製作2條

（正面）

28
2.5

〔內口袋〕

口袋口的縫份
三摺車縫

1 2

口袋口
（背面）

・製作2個

14
20

---

2 製作表袋

參考 p.66

①側面a與底正面相疊，
車縫一邊至完成線。

底（正面）
7
口側
側面a
（背面）

20
20

②
與①兩片側面a的作法車縫底部。依①的作法車縫底部。

7
口側
側面b
（正面）

※依側面a的尺寸裁剪側面b

口側
側面a
（正面）
底
（正面）
口側
側面a
（正面）

側面b
（正面）
口側

③將側面立起，正面相疊車縫
（底部是車縫至完成線）。

側面a（正面）
側面b（正面）
口側
口側
側面b
（背面）
側面a
（背面）

④在側面b各縫上
5顆毛球。

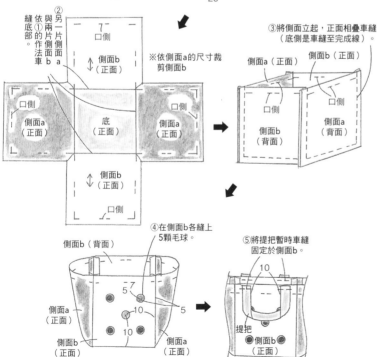

側面b（背面）

7
5
側面a
（正面）
10
5
10
10
側面b
（正面）
側面a
（正面）

⑤將提把暫時車縫
固定於側面b。

10
提把
側面b
（正面）

---

3 製作裡袋

ⓑ 在中央壓線作為分隔線。

口側
側面（正面）
內口袋
（正面）
側面（正面）

ⓐ ①製作側面a
暫時車縫固定內口袋

※依表布的尺寸裁剪裡布

・製作2片（一片不加分隔線）

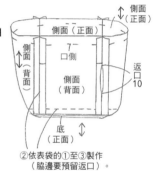

側面（正面）
側面 口側（背面）
7
口側
側面
（背面）
側面（正面）
返口
10
底
（正面）

②依表袋的①至③製作
（脇邊要預留返口）。

---

4 整理

①表袋與裡袋正面相疊，
車縫口側。

表袋（背面）
裡袋（背面）

②翻到正面，縫合返口，
在口側周圍壓線。

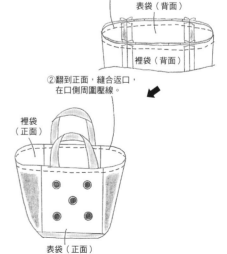

裡袋
（正面）
表袋（正面）

p.67
附把手橢圓收納籃

材料（小款）

前側面表布a‧後側面表布c 50×25cm、
前側面表布b‧後側面表布d‧底表布‧
把手90×25cm、裡布80×40cm、
接著襯80×40cm、寬1cm 緞帶10cm

附原寸
紙型

完成尺寸
（大）底部短徑約20.5×長徑29×高約16cm
（小）底部短徑約13.5×長徑21.5×高約13cm

※〔 〕內為大款尺寸 ☆除指定處之外縫份皆為1cm

1 製作把手

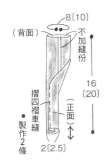

8〔10〕
（背面）
不加縫份
16〔20〕
（正面）
摺四摺車縫
製作2條
2〔2.5〕

2 製作表袋與裡袋

〔表袋〕

①製作前側面。
ⓐ將a與b正面相疊車縫。

口側
b
a
（正面）
ⓑ燙貼接著襯。

②依①的作法使用c與d製作後側面。

③前‧後側面正面相疊，車縫兩脇邊

d
前側面（背面）
後側面（正面）
c
底（背面）
牙口
④在底部燙貼接著襯。
⑤將③與④正面相疊車縫。

參考 p.67

5〔7.5〕
口側
⑥把手暫時車縫固定於兩脇邊。
側面（正面）
把手
脇邊

※依③⑤製作裡袋（底部要預留返口）。

3 整理

①表袋與裡袋正面相疊，車縫口側。
表袋（背面）
裡袋（背面）

②翻到正面，縫合返口，於口側周圍壓線。

裡袋（正面）
③製作配飾縫上。
表袋前面（正面）

邊機縫 p.25 GO

〔配飾作法〕

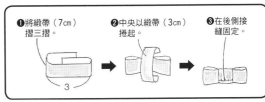

❶將緞帶（7cm）摺三摺。
❷中央以緞帶（3cm）捲起。
❸在後側接縫固定。
3

p.68
花瓣布盤

材料 （1件大款的用量）
表布30cm 四方、裡布30cm 四方、
單膠接著鋪棉30cm 四方

完成尺寸
（大）直徑各約20×高4cm
（小）直徑各約10×高2cm

附原寸
紙型

※參考 **p.68** 車縫本體四周

1 留下1cm寬縫份，其餘剪掉。

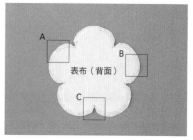

2 在圓弧處剪牙口，接著鋪棉是沿針趾邊修剪。銳角部分的縫份深剪成三角形。

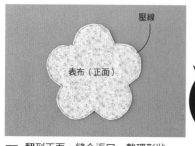

壓線

表布（正面）

邊機縫
p.25
GO

3 翻到正面，縫合返口，整理形狀。四周進行邊機縫。

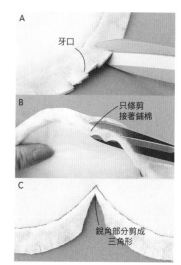

A
牙口

B
只修剪
接著鋪棉

C
銳角部分剪成
三角形

整齊美觀的
整處理線頭
p.72
GO

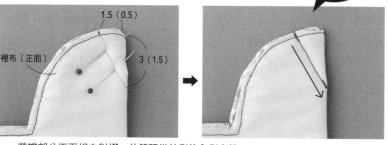

1.5（0.5）
3（1.5）
裡布（正面）

4 花瓣部分正面相向對摺，依箭頭從外側往內側車縫。捏住五個花瓣車縫並處理線頭。※（）內為小款尺寸。

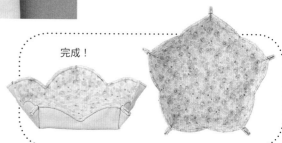

完成！

p.88
附側身波奇包

材料
側面表布・尾片45×20cm、
側身表布・側面裡布・側身裡布40cm 四方、
20cm 拉鍊1條

附原寸
紙型

完成尺寸：約高11×寬18cm，側身寬約4cm

☆除指定處之外縫份皆為1cm

1 製作表袋

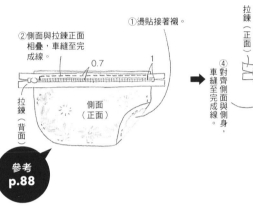

②側面與拉鍊正面相疊，車縫至完成線。
①燙貼接著襯。
0.7　1
拉鍊（背面）
側面（正面）

參考 p.88

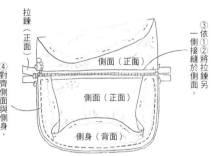

拉鍊（正面）
側面（正面）
④對齊側面與側身，車縫至完成線。
③依①②將拉鍊另一側接縫於側面。
側面（正面）
側身（背面）

⑤依④車縫另一側。
拉開拉鍊
口側
側面（正面）
側面（背面）
側面（背面）

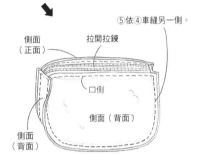

2 製作裡袋

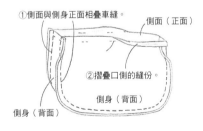

①側面與側身正面相疊車縫。
側面（正面）
②摺疊口側的縫份。
側身（背面）
側身（背面）

3 整理

②表袋與裡袋背面相疊，以藏針縫將裡袋接縫於拉鍊上。
裡袋（正面）
表袋（正面）
①在拉鍊端縫上尾片。

〔尾片縫法〕

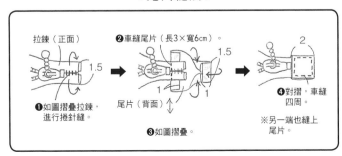

拉鍊（正面）
❷車縫尾片（長3×寬6cm）。
1.5
1.5
2
1
1
❶如圖摺疊拉鍊，進行捲針縫。
尾片（背面）
❸如圖摺疊。
❹對摺，車縫四周。
※另一端也縫上尾片。

p.92
連身圍裙

完成尺寸：free size

附原寸
紙型

材料

裙片・口袋・胸前片・貼邊・肩帶・腰綁帶・
腰頭110×210cm、接著襯85×25cm

裁布圖 ☆除指定處之外縫份皆為1cm
※■處需燙貼接著襯

胸前片有附原寸紙型，其餘請依
標示尺寸再加上指定縫份裁剪。
貼邊與兩片腰頭燙貼與表布同尺
寸的接著襯。

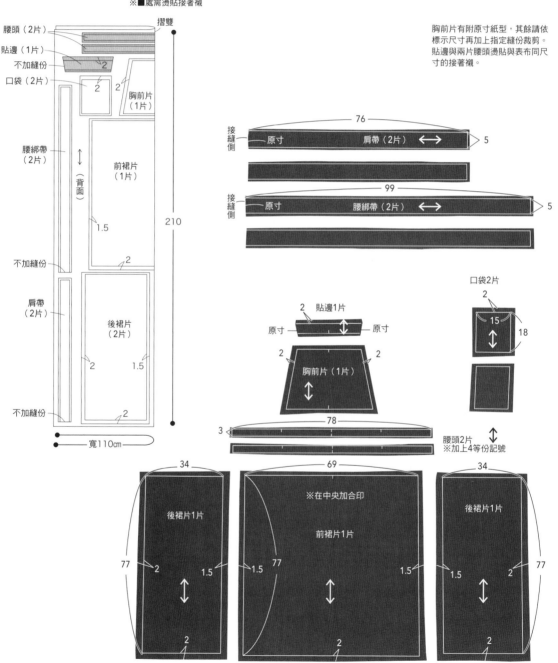

p.101
頂層拉鍊
後背包
....
完成尺寸：約高40×寬30cm，側身寬約11cm

材料

前側面表布・後側面b・口布・底表布・肩背帶・提把・外口袋表布・尾片・布繩110×80cm、後側面布a・口袋蓋35×65cm、後內口袋表布用壓棉布35cm 四方・裡布・前內口袋・拉鍊口袋110×90cm、接著鋪棉90×45cm、2.5cm 寬織帶90cm、2cm 兩摺斜布條130cm、1cm 寬緞帶85cm、38cm 拉鍊1條、20cm 拉鍊1條、2.5cm 寬日型環2個、直徑1.4cm 磁釦（手縫式）1組

附原寸
紙型

☆除指定處之外縫份皆為1cm
※■處需燙貼接著襯

尺寸圖

外口袋的口袋蓋有附原寸紙型，其餘請依標示尺寸再加上指定縫份裁剪。後側面a、底及肩帶燙貼原寸（不加縫份）接著鋪棉。

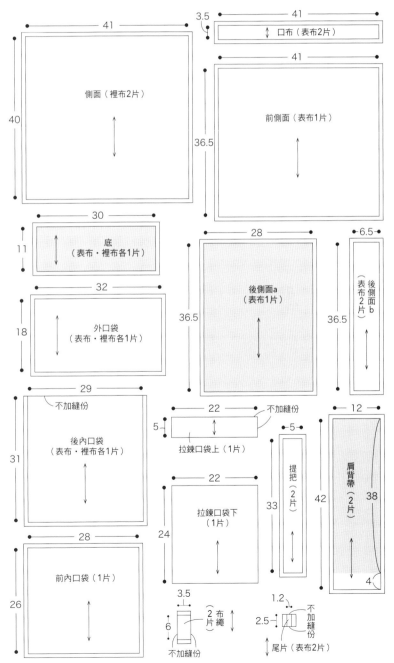

41
側面（裡布2片）
40

3.5
41
口布（表布2片）

41
前側面（表布1片）
36.5

30
底
（表布・裡布各1片）
11

28
後側面a
（表布1片）
36.5

6.5
後側面b
（表布2片）
36.5

32
外口袋
（表布・裡布各1片）
18

29
不加縫份
後內口袋
（表布・裡布各1片）
31

22
不加縫份
5
拉鍊口袋上（1片）

5
提把
（2片）
33

12
肩背帶
（2片）
42
38
4

22
拉鍊口袋下
（1片）
24

28
前內口袋（1片）
26

3.5
6
布繩
（2片）
不加縫份

1.2
2.5
不加縫份
尾片（表布2片）

Index

手作小百科 01

機縫小百科
縫紉機操作+車縫實例+作品應用

授　　權／主婦與生活社
譯　　者／瞿中蓮
發 行 人／詹慶和
執行編輯／劉蕙寧
編　　輯／黃璟安・陳姿伶・詹凱雲
封面設計／陳麗娜
美術編輯／周盈汝・韓欣恬
內頁排版／造　極
出 版 者／雅書堂文化事業有限公司
發 行 者／雅書堂文化事業有限公司
郵撥帳號／18225950　戶名：雅書堂文化事業有限公司
地　　址／新北市板橋區板新路206號3樓
電　　話／(02)8952-4078
傳　　真／(02)8952-4084
網　　址／www.elegantbooks.com.tw
電子郵件／elegant.books@msa.hinet.net

2024年6月初版一刷　定價 520 元

KANZENHENSHUBAN ISSHO TSUKAITSUZUKETAI！ MISHIN NO KISO&OYO
BOOK
Edited by SHUFU TO SEIKATSU SHA CO.,LTD.
Copyright © SHUFU TO SEIKATSU SHA CO.,LTD., 2022
All rights reserved.
Original Japanese edition published by SHUFU TO SEIKATSU SHA CO.,LTD.
Traditional Chinese translation copyright © 2024 by Elegant Books Cultural Enterprise
Co., Ltd.
This Traditional Chinese edition published by arrangement with SHUFU TO SEIKATSU
SHA CO.,LTD.,
Tokyo, through Office Sakai and Keio Cultural Enterprise Co., Ltd.

經銷／易可數位行銷股份有限公司
地址／新北市新店區寶橋路235巷6弄3號5樓
電話／(02)8911-0825
傳真／(02)8911-0801

國家圖書館出版品預行編目(CIP)資料

機縫小百科：縫紉機操作+車縫實例+作品應用／
主婦與生活社授權; 瞿中蓮譯. – 初版. – 新北市：
雅書堂文化, 2024.06
　　面；　公分. – (手作小百科; 01)
ISBN 978-986-302-724-9 (平裝)

1.縫紉　2.手工藝　3.縫紉機

426.3　　　　　　　　　　　　　113007513

取材協力會社(依日文50音排序)
Clover https://clover.co.jp/
Brother https://www.brother.co.jp/
新攝影協力
吉森晴美(Brother銷售 sales educator)

STAFF
企劃・取材 伊藤洋美
設計 ohmae-d(中川 純、伊藤綾乃、浜田美緒)
新規攝影 有馬貴子 岡 利惠子(均隸屬本公司照片編輯室)
造型 南雲久美子
校對 滄流社
紙型配置・編輯擔當 北川惠子
特別感謝(依日文50音排序，省略敬稱)
赤峰清香、井田ちかこ、komihinata、鈴木ふくえ、田巻
由衣、two bottle、中西美步、中野葉子、長谷川久美
子、平松千賀子、藤嶋希依子、May Me、山本靖美
以及攝影、燈光、妝髮、製圖、插圖等